SG ビジネス双書

「おいしい」のマーケティングリサーチ

新市場創造への宝探し

高垣敦郎［著］
Takagaki Atsuo

［発行所］碩学舎　［発売元］中央経済社

推薦の辞

読み終わって、まず最初に思い浮かべたのは松下幸之助の「知恵の出る公式」です。

知恵＝知識×情熱＋経験

知識だけでは商売（ビジネス）はできない。知識に情熱や熱意を掛算し、さらに経験を加えることによって、初めて知恵が生まれてくるという有名な公式を思い出させてもらいました。新製品開発に役立つ知恵を今、流行の言葉に置き換えれば、コンシューマー・インサイト。お客様の潜在ニーズ（インサイト）を掘り起こすためのリサーチのあり方や手法について、メーカーにおける30年の経験によって到達した境地が、よく伝わってくると思います。インサイトという言葉を使わず、先人の引用を最小限に留め、自らの経験をベースに語られていることに好感が持てます。

キーワードは「N＝1のマーケティングリサーチ」、別名「N＝1のビッグデータ」です。N＝1の原点は自分自身。「自分自身を知ろう」、これが、著者が勤務したハウス食品の社是社訓の一番だということは知りませんでした。自分と自分の家族のことをさらけ出し相対化することは、できそうで、できません。しかしこれができないと、情熱は生まれてきません。「自分がこうなりたい」という思いがあって、はじめてお客様に共感していただける製品やサービスが実現します。自分をリサーチし、自分をマーケティングする、若い人にはぜひとも理解してほしいコンセプトです。

「N=1のマーケティングリサーチ」のコンセプトは定量調査にも通じるものです。ネット調査の普及によって、リサーチャーは原票（ロー・データ）を見なくなりました。調査票をネット空間に投げれば、自動的に回収され、数日後には自動的に集計された結果が手元に届きます。あるネット調査会社ではクロス集計の結果を「ロー・データ」と呼んでいるそうです。

訪問面接の時代は一票一票の原票に重みがありました。お金がかかっているだけではなく、対象者と「真剣勝負」をした調査員の汗と涙が詰まっていました。回収、エディティング、エラーチェックなどの原票点検作業を通して、回答の背景と脈絡を理解しました。調査票の設計（質問文や選択肢の設定）の良し悪しも理解しました。サマリーされたデータは、それらの集積に過ぎないのです。

データ収集の現場のことを、業界用語でフィールドと言います。どんな顔をした人が、どんな場面で、どんなことを考えながら回答しているか、N=1の視点でネット調査のフィールドを見直すことが必要だと思っています。さもなければ、ネット調査は企業の重要な意思決定には使えないということになりかねません。

「N＝1のビッグデータ」は著者本人のことに相違ないと理解しました。新製品開発のための宝探しは、セカンダリーデータの分析と市場観察、食の心理学という視点、大学時代の専門分野を背景とした「おいしさ」の理解へとその世界を広げます。「世の中の人が、周囲の人が、そして何より自分が幸せに生きる」という原点を堅持し、そのことをより本質的に極めようとするから、世界が広がり、仕事が楽しくなるのです。

「個別性と普遍性が交差したところに戦略は生まれる」。これは私が社長時代に社員に繰り返し、話してきた言葉です。個人にとっても企業にとっても、強さだけでなく弱さを含めてその個別性が世の中の普遍性とどのように交わるかを見極めることによって、独自性のある戦略は生まれます。著者の生活と個性が、世の中の変化と交差しているから読者を惹きつけるのだと思います。

著者がこの本を書いてみようと思ったきっかけは、世の中におけるリサーチのポジショニングの低さに対する憤りです。「お客様を正しく理解すること」が企業活動の基本であるにもかかわらず、リサーチが正当な位置づけを得ていないのが日本の現状です。クライアント側で30年。リサーチ・プロフェッショナルの「上から目線」ではない発言は、リサーチ業界のプレゼンス向上を願う多くの人々に勇気を与えることでしょう。

著者が言うように、マーケティングやリサーチを志向する学生、入社間もないマーケター、リサーチャー、製品開発担当者はもちろんのこと、文字通りの「ビッグなビッグデータ」と格闘しているデータサイエンティストにも読んでもらいたい一冊です。

平成27年11月

株式会社インテージ　元代表取締役会長

田下憲雄

はじめに

人は誰でも幸せに生きたい。きっと、そのはずです。そして、食べることは、幸せに生きることと密接に結びついています。だから、食品のマーケティングリサーチは、一般的な製品のマーケティングリサーチとは少し違います。

食品においては、すべての人がお客様になり得ます。「お客様（Consumer）」とは、「ターゲット」と言い換えることもできます。もちろん、人によって幸せを感じる状況は異なるでしょうし、企業としての得意分野という個別条件もあるでしょう。しかし、どのお客様も、何も食べずに幸せに生きることは不可能なのです。

例えば、一般的な製品のマーケティング理論では、小さなお子さんのいる主婦だったり、単身サラリーマンだったりと、最初からお客様を生活パターンなどで絞り込み（セグメンテーション）がちですが、まずはそのような条件に縛られることなく、本来のお客様を素直に受け止めるところから、食品のマーケティングリサーチは始まります。

もしも、ある要件が「その人が幸せに生きるための必然性」を持っているのであれば、お客様はそれを維持しようとするでしょうから、付加的な絞り込みの条件になるでしょうけどね。

わたしは、食品メーカーのマーケティングリサーチの分野で30年、トレードマークのメガネ

越しに、ずっと世の中を眺めてきました。マーケティング業界でも食品業界でも、ちょっと稀有な存在だと思います。

マーケティングリサーチは本当に楽しく、やりがいのある分野です。定年を過ぎて独立し、自分がやるべきことを考えてみて、このメガネ越しに見えてきた風景、今も見えている風景を、みなさんにもご紹介したいと考えるようになりました。

ちょっと特殊で、でも本質は、幸せに生きることにとても近い、『「おいしい」のマーケティングリサーチ』を、味わってみてください。

本書の狙い

わたしが、この本を読んでいただきたいと思っていますのは「これから社会に出て、マーケティングやリサーチ分野で活躍したいと考えている学生さんたち（大学生・大学院生）」「まだ入社間もないマーケッターさんたち（文科系・理科系は問わず）」「すでにリサーチ会社やメーカーに勤めていて、初めてリサーチ業務を担当することになる人たち」「食品に関連する研究所で研究開発、製品開発を担当する若い人たち」等です。

世の中の人が、周囲の人が、そしてなにより自分が幸せに生きる、そんな製品の開発プロセスにかかわることができると思ったら、きっとマーケットリサーチが楽しくなります。

文中には、わたしがこれまでに拾ってきた「宝探しのキー」も、提示してみました。そのままでは、まだ使えないかもしれませんが、いろんな視点から世の中を眺めて見るためのキッカケやマーケティング活動の参考になればと思っています。

もし、興味があれば、定年後独立してわたしが始めた『サーチクリエイション(SearchCreation)』にアクセスください。URLはsearchcreation.comです。

SearchCreation
サーチクリエイション
お問合せ
MESSAGE
食のマーケティングリサーチ／食の新製品開発／調査・探究・探索／市場創造
ご挨拶 / 経歴
SearchCreation サーチクリエイションが
ご支援できること / 業務
SCから見たマーケットトレンド
【食】リサーチの目
サーチとは、調査・探究・探索。
宝物をサーチして新市場を見い出し、
イノベーションある新製品開発に導く、
そんなクリエイティブな活動がしたい。
だから、
SearchCreation
(サーチクリエイション)と名付けました。
eatにこだわるのは、私が食品メーカーでのマーケティングリサーチ経験を30年積み重ねてきたから。理系・文系、両方の視点で食市場を観察し続けてまいりました。
その30年の経験を踏まえ、新カテゴリー新製品の企画のためのリサーチ支援、新人若手に実践的マーケティングリサーチを会得してもらうための教育研修を業務の柱としています。
メーカーでの30年の新製品関連のマーケティングリサーチ経験があるから
新カテゴリー新製品の企画を支援する
リサーチ支援
新人若手のための実践的マーケティングリサーチ
MR教育研修
新着投稿
一覧へ
2015-04-26
ロングセラー　C-1000ビタミンレモン
2015-04-26
新型カップお茶漬け
2015-04-11
プリン体と戦う乳酸菌
高垣 敦郎
Atsuo Tkagaki
PAGE TOP
SearchCreation | サーチクリエイション
新製品関連リサーチを主たるコンサルティング業務とし、企業におけるマーケティングリサーチの重要度を啓蒙するとともに
ビジネス社会でのリサーチのポジショニングの向上に貢献することを活動の基本においています。
© 2014 - 2015 SearchCreation.

目　次

はじめに　i
本書の狙い　iii

第1章　マーケティングリサーチは宝探し……1

一　マーケティングリサーチとは……2
二　日本におけるマーケティングリサーチ……3
三　お客様とのFACE to FACEが鍵……4
四　プライマリーデータとセカンダリーデータ……8
五　定性調査と定量調査……9
六　マーケティングリサーチの位置づけ……11
七　インターネットは、少数派を捉える武器……13
八　調査結果とコンプライアンス……15

第2章　すべての基本は、お客様を正しく理解すること …… 19

一　自分自身を知ろう、周囲を観察しよう …… 20
二　仮説なくしてリサーチなし …… 33
三　潜在ニーズの探索、発掘、評価 …… 34
四　お客様の声、発言からニーズを読み取るには …… 36
五　お客様が充足していないニーズとは …… 38
六　大切なのはお客様の自発的な声 …… 41
七　メーカーの宝探し（新製品開発） …… 51
八　N＝1マーケティングリサーチの事例紹介 …… 58

第3章　セカンダリーデータと市場観察からの宝探し …… 65

一　おばあちゃん中心社会に …… 66
二　シングル化社会 …… 75
三　専業主婦は絶滅危惧種に …… 78
四　ペットの数が子供人口を上回る社会とは …… 85

目次

五　健康こそが生きる目的……89
六　飽食下の栄養失調、豊かさの中の心の変調……94
七　画一化する日本の日常食と食の低関与者の増加……97
八　寂しい家庭の食卓から楽しい家庭の食卓へ……99
九　母と子の絆は、手づくり料理……105
十　多様化する売場～お客様は知っている～……107
十一　大潮流：ついにNB化したPB……110
十二　大震災による人の意識と生活の変貌……121

第4章　データ分析　2つの事例……125
一　セカンダリーデータの分析：水道水を飲まない消費者……126
二　プライマリーデータの分析：何故、お母さんは料理を作るのか……138

第5章　食の心理学という視点の宝探し……153
一　人からどう見られるか（社会的自己の調整）……157

二　ステレオタイプ　159
三　誰と一緒に食べるかで行動が変わる　162
四　孤食と個食：楽しくない食事　166
五　あなたは、あなたが食べたもので、できています　168
六　ストレス解消は、現代人の最大のテーマ　174
七　人の心に（予期／単純摂食効果／ハロー効果）　178
八　錯覚・錯視を応用することもマーケティング　182
九　おいしさは、味・嗅・視・触覚等の多感覚連合（連携）　185

第6章　おいしさの理解　191

一　おいしさの基本　195
二　記憶する味　197
三　おいしさの機能　199
四　おいしさの構成要素　202
五　おいしさに影響を与える要因〜食べる人の側に立って〜　224

目次

六　おいしさをあやつる物質　233

第7章　新市場創造の突破口を開くために　237

一　リサーチは、失敗を予測するが成功は保証しない　238
二　ユーザーイノベーション　244
三　食品メーカーに求められるコンセプトと役割　251
四　食の未来を見据えて～予測年表～　255

あとがき　277
参考文献　283

第1章

マーケティングリサーチは宝探し

一　マーケティングリサーチとは

多くの人が思い付きやすいものとして、「マーケティング戦略」という言葉があると思います。これは、販売戦略などに近いものです。では、「マーケティングリサーチ」はというと、製品開発やコンセプト構築に近いものになります。

コンセプトのしっかりしていない商品を、戦略だけで売れと言われてもムチャだと言いたくなるのは当然のことですね。「マーケティングリサーチ」は、販売のテクニックよりコンセプトに寄り添うものになります。

新製品開発に直感的なものが重要なのはよく承知しています。しかし、企業が成長していけば、直感で生まれた製品だけでは足りなくなるのはアタリマエ。絶えず優れた製品という極上の宝を探し続けることが求められます。

そんな時、お客様を正しく理解して、製品開発のヒントを導くことのできるメソッドが、マーケティングリサーチにはあります。

わたしは、マーケティングリサーチは宝探しだと考えています。

二　日本におけるマーケティングリサーチ

日本のマーケティングリサーチは、第二次世界大戦後、世論調査の実施のために、アメリカから導入されたそうです。戦後日本経済が伸び始める1950年代に入るとリサーチ会社が続々と誕生し、リサーチも少しずつ普及していったと聞いています。

やがて高度経済成長期に入ると、大量生産、大量消費の時代になり、供給が需要を上回る環境になると、商品やサービスの選択の幅が広がるとともに、企業は、お客様を知ることの大切さ、消費者のニーズを把握することの重要性を認識し、マーケティングリサーチの存在感も高まったのだと思います。

1975年、現在の㈳日本マーケティングリサーチ協会の前身である日本マーケティングリサーチ機関協議会が設立されています。わたしが大学を卒業した頃です。

今回、わたしは自身の体験を中心にマーケティングリサーチというテーマで、本を書いてみようと思いましたが、その背景には、あまりにも社会における、また、企業におけるマーケティングリサーチのポジショニングの低さを、この30年間、身をもって痛感したことがありま す。リサーチの本質を知らない人たち、また、リサーチを自分で実践したことのない人たちのリサーチに対する理解のなさを、日々感じてきました。本当にたくさんの理不尽な場面に出くわしたのです。

もし、新製品に関わる調査で、調査結果を正しく企業の経営層に伝えないということがあれば、言わばコンプライアンス違反になるのかもしれないと感じます。やがては自身の企業に、多くの損害を与えてしまうのではないでしょうか。

今の日本のマーケティングリサーチの現状を憂いているからこそ、その社会的ポジション、企業内でのポジションを高めることが、きっと価値ある製品サービスを生み出すことになり、お客様に貢献するものと信じています。

三　お客様とのFACE to FACEが鍵

マーケティングリサーチは、企業などの組織が商品・サービスを提供するにあたり、お客様をよりよく知り、お客様のニーズに合った新しい商品・サービスを企画立案し、具現化していくために、経営資源をいかに効率的に運用するかを示す情報収集活動です。お客様と企業の対話を活性化させ、お客様と企業の交わりを作る活動の一つです。

インターネットの発展でお客様同士のコミュニケーションをリサーチできるようになりまし

【図表1　企業（メーカー）とお客様のコミュニケーション】

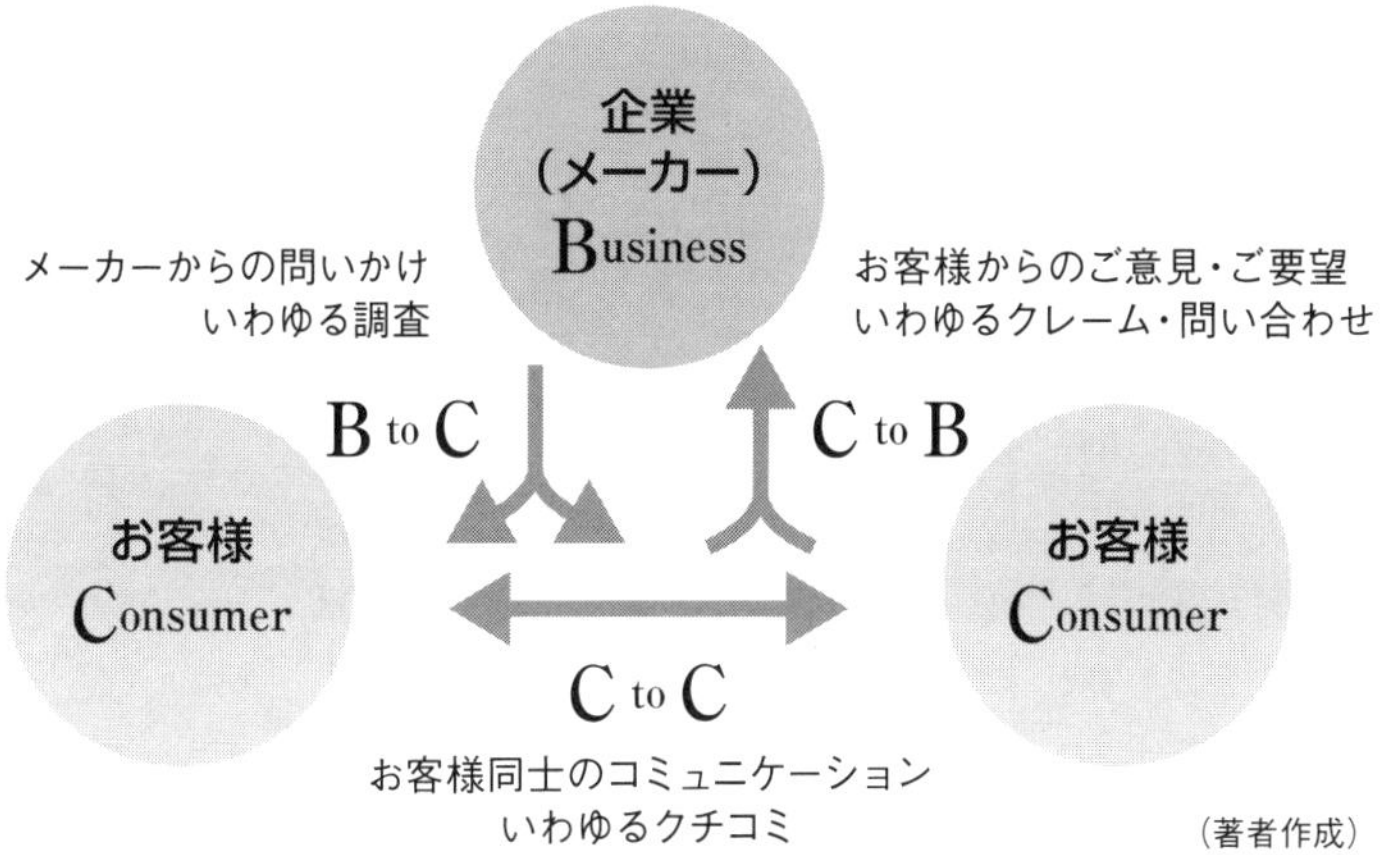

（著者作成）

た。しかしクチコミ（C to C）を正確に把握する調査手法は、確立されていないように思います。企業（Business）とお客様（Consumer）のコミュニケーションの三つの形を**図表1**にしてまとめました。

◆B to C（メーカーからお客様）

企業が一般に呼ぶところのマーケティングリサーチはこれで、メーカーからの問いかけになります。この調査は、お金を渡して意見や実態を聞き、結果的に社内説得だけが目的になっているケースが多く、情けなくなってしまいますね。都合のよいデータだけが使われるなんて、調査ではありません。

アンケートやインタビュー、商品評価テストだけを、マーケティングリサーチと考えている人が多いのですが、家庭でも街の中でも本屋でも、電車の中でも、マーケティングリサーチはできるのです。お客様は、お金を払って商品を購入します。調査は、お金をもらって答えています。理解できていますか？

◆C to B（お客様からメーカー）

いわゆるクレームや問い合わせ。これはお客様側から企業へアプローチされたもので、企業内の「お客様相談センター」等が対応しています。これも、マーケティングリサーチです。近年、この機能の重要性が認識され、クレームに経営者が敏感になっています。最近も異物混入などで、製品回収や生産中止に追い込まれているケースがありましたね。マスコミの異常なまでに誇張した報道には疑問を感じることもしばしばです。

企業によっては、経営会議の最初の議題に、お客様からの問い合わせ・クレームを位置づけ、情報の共有化とスピード感あるお客様対応を実践しています。しかし、お客様からの自発的な情報は、ネガティブ情報だけでなく、ポジティブな情報もあります。お褒めの言葉も多くなっているように思います。お客様からのお褒めの言葉を自社のホームページに掲載しているケース等、せちがらい事件ばかりじゃないのだと、ホッとします。

◆C to C（お客様同士）

ネットの発展でお客様同士のクチコミが見えるようになってきました。すべてのリサーチの原点は、N=1 のFACE to FACEにあると思います。インターネット調査は、B to Cアンケート調査の半数に迫る勢いですが、まだ調査としては、期待ばかり。分析の方法が確立しているわけではないまま、肥大化しているように思います。特に、対象者のリクルートにはシビアになっていただきたいです。課題は、代表性はないということです。国や地方公共団体の調査は代表性を求めますが、企業活動は、個別のカテゴリーに絞り込んだターゲットを対象に調査するケースが一般的です。より結果のバラツキを考慮すれば、サンプルを増やして実施することが必要（大数の法則）になります。各種インターネット端末の普及率がいくら上がっているとはいえ、まだネットを頻繁に使っている人に偏りが大きいことは否めません。そこを隠して数値をこねくり回すことは、実態からどんどん離れていきます。最近は、SNSを使い、メーカーの製品を渡すなどしてC to C（クチコミ）を拡散しようという目論見も目立ちます。コストはかかりませんが、調査にはなっていませんね。企業にもSNSを調査に使うノウハウがないし、SNS側にしても企業のマーケティング部門にプレゼンすることができていないと私は思います。

四　プライマリーデータとセカンダリーデータ

プライマリーデータ（Primary Data）とは、自らリサーチを実施し収集したデータ。一般にはアンケートやインタビューなどを実施して得たデータのことを示します。

セカンダリーデータ（Secondary Data）は、世の中に既に存在しているデータであり、インターネットで検索できる情報、過去の統計調査、書籍や企業のＩＲ情報などの既存資料を調べて得たデータのことを指します。

仮説づくりは、セカンダリーデータの収集と分析で、定性調査を活用して行います。その仮説を検証するのが定量調査です。このことは第2章でも述べています。

大まかな仮説を元にセカンダリーデータの情報収集や分析を実施して仮説を再構築し、プライマリーデータで裏づけをするというやり方が多いですね。

人口統計などのセカンダリーデータの収集と分析は、時間のかかる地味な作業です。それを日常的にコツコツと行い、準備に時間をかけることは、その後の解釈の深さに差が出てきます。リサーチの費用対効果も飛躍的に向上します。

五　定性調査と定量調査

お客様を正しく理解するために、マーケティングリサーチの世界では、一般によく「定性調査」と「定量調査」という言葉が使われます。基本中の基本なので、その違いと特徴をよく理解することがとても大切です。

簡単に言いますと、「性」は、質、性質、特性であり、「量」は、具体的な量、数値情報ということになります。ビジネスのあらゆる場面で、マーケティングリサーチだけでなく、情報収集はどんな部署でも必須ですよね。その時々の目的によって、どのような調査手法を選択すると効果的なのかが大切であり「定性」「定量」という話になります。

マーケティングリサーチの領域の「定性調査」と「定量調査」は、それぞれがどんなことを調べたい時に適しているのでしょうか。少し説明しましょう。リサーチの基本となります。

統計学における厳密な定義ではなく、マーケティングリサーチにおける「定量調査」ということから説明するのが分かりやすいでしょうね。これは「定量データ」で集計・分析する調査方法です。「定量データ」は、人数や割合、傾向値などの何かしら明確な「数値や量」で表されます。

代表的な定量調査と言えば「アンケート」です。一般的にアンケートは、アンケートを回答してくれる人が、もし300名ならN=300と表記されています。定量調査は、質問項目ごとに、明確に回答できる設問で構成されていて、これらを集計すると明確な数字でデータがアウトプットされてきます。つまり、定量調査の大きな特性は、調査者のすべての質問に対する回答が数値データとして提示されるということです。

一方、マーケティングリサーチにおける「定性調査」とは、「質的データ」を得るための調査方法です。個人による発言や行動など、数量や割合では表現できないものの「意味」を調査者が解釈することで、新しい理解やヒントにつながります。

代表的な定性調査は、「フォーカスグループインタビュー」やマンツーマンで行われる「個別インタビュー」などです。定性調査の大きな役割は、アンケートなどの定量調査では得ることが難しい、被験者がその回答に至った「経緯」や「理由」、「同じような考え方で選んでいる他の製品はあるか?」などの数値にできない価値観や、情緒的な心理構造を知ることができることにあります。

お客様を理解するためには、常に「質と量」の両側面を調査することが前提です。定性調査は、発見型アプローチで、仮説を立てることに有効であり、一方、定量調査は、検証が得意であり、定性調査で立てた仮説を量的に検証する方法ということになります。

六　マーケティングリサーチの位置づけ

マーケティングリサーチの社会的なポジショニングや企業内でのポジショニングの低さに苦悩している人たちが多いと、わたしは思います。マーケティングリサーチ結果の扱われ方に関して、経験と苦悩を聞いてください。

マーケティングリサーチに多くの費用と時間をかける企業。マーケティングリサーチ部門を明確に持っている企業。まったくリサーチをしていない企業。広告代理店にまかせている企業等、いろいろですね。

リサーチはお金の無駄遣いだ、信用しないと言う人もいます。それはリサーチの手法特徴とその限界を理解しないまま、出てきた数値だけを信じて行動した結果では？　それとも自分に都合の悪いデータが出れば調査方法がおかしい、しかし、自分に都合が良い結果だったら喜んで使うということ？　都合のいいデータの解釈をされてしまうなんて、残念ですね。それは、決して「調査データの戦略的活用」なんかじゃありませんよ。

「お客様のことを正しく、そして深く理解する」、それが売上・利益に直結する重要な活動であることを、マーケティングに携わる者として再認識したいです。費用がかからない調査は、当然、その精度を犠牲にしていることを忘れてはいけません。

「ヒットする商品は調査費用がかからない」と言われるのは、コンセプトがしっかりとしているからです。マーケティングリサーチの費用対効果を論じる場合のもっとも大切な視点は、『商品企画の精度』です。すなわち、商品開発仮説であり、それも独自性、差別性、優位性、ファーストエントリー、高質性が大切であり、将来性が予見されるテーマでなければ、調査のやり方をいくら工夫したとしても、その費用対効果は決してよくなりません。

わたしの場合、「もし、リサーチ担当が企画する調査のやり方に、企画部門や事業部が介在するなら、こちらも商品企画に介在するよ」、We always say YES. But trust me about research method. と言ってきました。リサーチを担当している人たちは、コンセプトや試作品を見ただけで、調査結果をある程度予測できているのですよ。お客様にとって価値が有るかどうかは、開発に携わっている人たちが集まって議論すれば、おおよそわかりますよね。事業部の目的が「製品の発売」であって「新製品の開発」になっていないケースが多いと思います。事業部は、お客様の声をいつも聞いているリサーチの担当者を大切にすべきです。

新製品が、店頭にあるか、店頭でお客様が見つけられるかということも大切になります。認知率と店頭化率・店頭露出を考慮していない調査結果は、成功を保証できるわけではないけれど、失敗することは判断できるということです。認知もなく店頭にもないのに、売れなかったら「製品が悪い」という企業。本当に新しい価値のあるものであれば、店頭に並ぶはずですから、店頭にないのは、商品コンセプトに、新規性、魅力がないから、小売（流通）が扱わないということです。

調査能力、情報収集力の格差が、人や組織の能力格差、そして企業間格差であり、競争に打ち勝つために必要で大切なひとつの企業力であることを、忘れてはいけないと思います。企業活動の原点に「調査（情報収集）」があり、企業組織のすべての機能、部門でも、業務遂行の上で「調査」が必須なはずですよね。

マーケティングリサーチは、そのひとつであります。お客様起点という言葉をよく、いろいろな企業の経営者の発言から耳にします。もし、本当にそう思うなら、もっと調査に関する部門を充実させ、優秀な人材を投下すべきではないでしょうか。経営者直轄にすべきです。メーカーのみならず、あらゆる企業にとって、将来の成長性を見据えて、新製品・新事業の探索と企画を進めていくためには、調査の力がすべての基盤になります。

七　インターネットは、少数派を捉える武器

この10年ほどで、マーケティングリサーチ業界の中心は、インターネットリサーチになって

しまいました。その変化のスピードは実に速く、十年と言うよりも、ほんの数年のこと。一昔前の感覚でいる企業は対応できないことも多いでしょう。アドホック調査手法別売上高構成比では、2010年の時点で既に30%をはるかに越えていますし、今は50%に近づいているのではないでしょうか。

インターネットリサーチの出現は、コストの低減が期待されましたが、現在はその精度が問われています。メーカーの担当者が自分でも簡単に低コストで母数の大きなサンプルの調査を実施できますが、大きな間違いがしばしば起こります。コスト低減は期待したほどではなく、精度に不安を抱えたままの運用になっていませんか?

インターネットリサーチには、いくつかの優れた点があります。「従来手法ではリクルートできなかった少数派特殊サンプルを捉えることが可能に」「売上の少ない商品でもユーザーを量で捉えられる」「少数派特殊であるが新しい考え方をもった一群を探しだせる」「大きなスケールの調査が容易になる」等、今までできなかった調査の可能性が出てきたのです。

従来のアンケート調査の代替ではなく、お客様の本音を鋭くキャッチすることができるようになれば、リサーチの費用対効果を高めることになると思いますし、さらに面白いところは、ブログやSNSから、個人(N=1)のプロフィールが見えるということです。またC to Cのクチコミ情報を製品開発等の企業活動に応用していくことは、企業の盛衰を決めると言っても過言ではないと、わたしは思っています。

インターネットがわからないまま、部下に文句を言っている上司。残念ながら、よくある話ですね。Facebook, Twitter, LINE, 使っていますか？　インターネットの進化はコミュニケーションの変化です。ネット情報を使い道のないビッグデータにしてはいけません。

販促戦略という観点では、インターネットによって、サンプル配布やエリア販促、タイミングを逃さない提案も可能になっていることは、ご存知のことと思います。しかし、調査上はというと、画一的な定量調査アンケートのお願いレベルに留まっていませんか？　調査会社には、さらなる調査手法の開発を期待します。

八　調査結果とコンプライアンス

日本のビジネス社会では、マーケティングリサーチは、間違った使われ方をしてきた歴史があります。メーカーやブランドの不利益になるかもしれませんので、具体的な事例はご容赦ください。ただ、それが今のリサーチ業界が苦しんでいる元凶であり、先進国で日本ほど、ビジネス社会で、また企業内で、マーケティングリサーチのポジションが低い国は少ないように思います。

「調査結果の目的が、事実を知ることよりも社内説得材料になってしまう」「自分たちの都合のよいデータは使用するが、都合が悪いと無視する」「発売した製品がうまくいかない時、調査結果を逃げ口上に引用したり、調査方法にクレームを入れる」等、企業が陥りやすい過ちです。ましてや「調査結果の間違った解釈、ねつ造、改ざんを行う」などがあったら、言語道断です。

それはコンプライアンス問題では、という意見もありますが、コンプライアンスはあくまで「法令遵守」であって、モラル違反に過ぎないのでは、という考えも聞きます。しかしモラルに反することにより、社会からの信用を失い、結果的に損失を負うのは企業です。モラル違反とコンプライアンスを混同すると混乱を招く恐れがありますが、リスクの大きさとしてはどちらも経営上の重要な要素です。

中国、アメリカ、ヨーロッパなどでは、マーケティングリサーチの社会的ポジショニングが高く、製品開発の判断材料として大切にされ、トップのブレインとして、調査結果や市場情報を、直接的確に伝達しています。

広告制作者（代理店）が自ら広告の調査をするケースなどでは、客観的なデータを得ることが難しいのは当然です。広告には、何億何十億、いやもっと費用をかけているのに、広告の調査をする企業は少ないのです。不思議でしたね。新製品導入に向けたプロセスに広告の調査が組み込まれていない、いや組み込めないのです。これも、日本のマーケティングリサーチ業界の苦悩の一面です。

第2章

すべての基本は、お客様を正しく理解すること

一　自分自身を知ろう、周囲を観察しよう

◆自分を知る

「人は誰でも幸せになりたい」そして当然ですが、体も心も健康でいたいはずです。日本は、「あまりに幸せだから幸せがわかりにくい」のかもしれません。

人は、本当においしいものを食べると幸せな気持ちになれて笑顔が出てきます。「感動するようなおいしさ」「家族や友人知人に伝えたくなる、教えたくなるようなおいしさ」「食べると自然と笑顔が出るおいしさ」を目指すことが必要です。それが「『おいしい』のマーケットリサーチ」です。

どのようにおいしいかは、表現するのが難しいですが、おいしさの程度は、顔に出ますね。観察が大切、経験が大切なのです。食領域では、これがイノベーションの根本かもしれません。大切なのは、お客様をより正しく理解することです。リサーチは、自分に都合のいいデータを作ることでは決してありません。

マーケティングリサーチの第一歩は、「自分自身を知ろう」です。調査対象はまず、「自分」

そして「自分の家族」（わたしなら「嫁さん・両親・子供たち」）です。

自分自身も一人の消費者として、いろいろな場面でいろいろな消費行動をしています。自分のニーズは何か。自分は何者で、どんな人生を歩み、何をしてきたのか、そして、これから何をしたいのか。このことをみなさんは、考えたことがありますか。すべての原点です。実は、この「自分自身を知ろう」は、わたしが長年勤めていた食品会社の社是社訓の一番なのです。実践してみましょう。恥ずかしいですが、わたし自身について、わたしは、何者で、どんな人生を歩み、今、どんなニーズを持っているのかを、じっくり考えてみました。

◆わたしの家族

「わが家族」は、夫婦　わたし62歳、嫁さん61歳、結婚して36年。わたしは、38年務めた食品メーカーを退職し、独立して個人事業主としてマーケティングリサーチのコンサルティング業を始めました。嫁さんは、わたしが退職するとわかるとすぐに、パートから正社員に。子供たちは、息子二人と娘一人&ダックスフントのクーちゃん（女の子）です。長男34歳は、米菓メーカー営業マン、大宮で一人暮らしです。長女32歳は、結婚して千葉在住、美容師、今年の一月に子供が生まれました。わたしの初孫です。二男30歳は、東京高円寺のアパートに住み、セキュリティ関係のＳＥです。わたしの弟は、京都で、ホビー関係の通信販売業を夫婦でやっています。京都にわたしの母90歳、一人暮らししています。まだ介護を受けず自立して生活していて助かります。子供としては心から感謝、感謝です。父は10年前に79歳で他界。山口県に家内の両親が義弟夫婦と暮らしていました。義父92歳は今年三月に亡くなりました。義母84歳。

簡単にわたしの家族を紹介しました。これで何がわかるか、です。すごいですよね、この長寿。65歳で高齢者なんて間違っていますよね。いったいいつの時代に、65歳という基準を決めたのでしょうか。人々の生活に大きな影響を与えています。

男の子が30歳を越えても結婚していない。世の中もそうですよね。結婚する意志はあるようですが、彼女にその意思がないようです。時代です。女性は、結婚や子育ての価値よりも、自立自己実現を選択しているのです。

おばあちゃんが元気。この年代の人たちは、若いときに第二次世界大戦で飢餓経験があることと、実に若いときから家事炊事に体を動かしてきている。専業主婦中心の社会で子供を育ててきたのですよ。スポーツクラブに行かなくても家事で十分にエネルギーを消費していたのです。体がいいバランスで保たれているのかもしれませんね。

父から遺言がありました、わたしに。「男子たるもの一度職に就いたかぎりは、その会社に滅私奉公して、会社を通して社会に貢献。そして、自らの安定と幸せを掴むのだ」と。昭和の時代をよく表していると思いませんか。わたしは、定年退職まで勤めましたよ。定年と言われるまで一所懸命に、お父さん!!

◆わたしのニーズ

今まで、わたしは、仕事でお客様のニーズを調査してきましたが、じっくりと自分は何をしたいのか、自分自身のニーズは、なんなのかを考えたこともなかったですね。自分が、考えていないこと、聞かれたら困惑することをお客様に聞いていたのかもしれませんね。考えてみればなんと無責任で、無謀なのかと思いましたね。この機会にじっくり考えてみました。今書けるのは顕在ニーズですよね。わたし自身の潜在したニーズはわかりませんが、何かキッカケか刺激があれば、わかるのでしょうか。

思いつくまま、自分のニーズを探ってみました。「ほんとに楽しい毎日が、いつまでも続くようにしたい。」そして、「健康で楽しく仕事をしながら長生きしたい」健康不安を意識したくはないものです。実は持病をかかえています。15年前に運動中に不整脈で倒れ、その後いわゆる心臓神経症だそうで、2年ほど苦しい時期がありました。「できれば、健康を考え、夏と冬に生活する場所を変えたい」「夏涼しく　冬暖かいところで暮らしたい。」

たとえば、夏は、シアトル、バンクーバー、サンフランシスコか北海道、冬は、台湾 沖縄、そして、ハワイかオーストラリア・ゴールドコーストに別荘。都内にマンションをひとつ。夢ですね

「いつまでも楽しく仕事をしたい。」このことは、定年になって始めて顕在化しました。定年後会社に残ることで辛さ惨めさを実感しましたから。「日本のマーケティングリサーチのポジションを高めたい。」そうでないと今までのわたしの30年間の仕事の意味が薄れるような気がしました。やっと、本当に楽しく、自由に好きなようにできる立場になったら定年になってしまいました。

「英語を話せるようになりたい」英語を自由に操って、世界中を見て回りたい。実は、英語を自由に操って仕事をしたかったのです。地球人になりたかった。今までに2度トライして挫折しています。海外の調査を担当したとき、自腹で、期限を設けずに ゆっくりと頑張ろうと思ったら、NOVAが半年で倒産して、70万円ほど損しました。その後イーオンで、個人レッスン。今は、仕事で英語を使わないので、また挫折しそうです。いやはや、しかし、まだ、忘れたわけではありません。

「子供の幸せをサポートしてあげたい。」わたしには、三人の子供たちがいます。今、この子供たちのことを大切に思える自分は、とても幸せだと思います。わたしにとって一番

大切なのは自分かもしれませんが、本当に子供たちからは、家族として、父として、夫婦として子育ての途中でたくさんの幸せをもらいました。いつもどうしてやれば良いか考えています。今生きているわたしの役割なのでしょう。わたしも、自分の親にずいぶん大事にしてもらったから。そして、がんばってきたから新しい命「孫」に会えました。男の子です。

きれいな家に住みたい。高級なという意味ではなくて。ものを捨てない、あまり掃除が好きでない奥さんなので、実に家の中が雑然としています。奥さんに言わせるときれいにしたら家の中が寒くなるわよと。何と。わたしは、きれい好き、掃除が大好きな母に育てられたものですから。

嫁さんは、子供が小さい時はよくがんばったと思います。三人は大変だったとわたしも思います。だから、子供が全員社会人になった時に、家事炊事放棄宣言がありましたよ。今、家事をまったくしないというわけではなくて、優先順位が下がったということでしょうか。特に掃除は、「毎日しなくても死なない」そうです。

「高級ホテルで暮らしたい」わたしの趣味というか楽しみというか、出張する時に、高級なホテルに泊まって仕事をしながらゆったりと時を過ごすことです。強い願望で実現可能なものです。今、この本を執筆していますが、本の構想や執筆するには絶対にいいですね。静かで、きれいで、癒されます。

「ときめく恋がしたい」（お前は馬鹿かと言わないで）。嫁さんには、問題はありませんが、何か忘れているもの、いや忘れてきたものがあると思ったら、それは、熱烈な恋。馬鹿なおっさんと思うかもしれないけれど、いつまでも青春ではないけれど「男でいたい、若さを保ちたい、恋したい」は、強いニーズでありながら未充足です。しかし、嫁さんは大切なパートナーです。

「生きている間に、世界中を見て回りたい」実現可能なニーズです。誰と一緒にとよく聞かれますが、それは、もちろん、嫁さんとですよね。別の願望はありますが。わたしに海外へ行く機会が訪れたのは、仕事よりも先にリハビリのためでした。46歳の時、バレーボールの試合中に倒れたのですが、とにかく外に出るのが怖い、電車が怖い、階段が怖いでしたね。いわゆる心臓神経症らしいです。なんとかしなければ、ということで嫁さんと相談して旅行をすることになったのです。始めは北海道、次に沖縄、それからオーストラリア（シドニー、ブリスベン、ゴールドコースト）、タイ、台湾、韓国、ベトナム（ホーチミン）、フランス（パリ）、ここまで続けるとさすがに不安もなくなり、気が付いたら、会社でグローバルリサーチの担当になっていましたね。その後も海外旅行癖は治らず、サンフランシスコ、ドイツ、オーストリア、チェコ、シアトル、バンクーバー、イタリア、ベトナム（ハノイ、ハロン湾）、香港、マカオ、そして去年の年末に、インドネシア（バリ島）です。あくまでも、プライベートですが、会社での仕事も合わせると月一回は、海外に行っていたことになります。何事も慣れですよね。とにかく行動することがすべてを解決の方向に導いてくれます。

「いつまでも若さを保ちたい」「生涯元気現役でいたい」。だから、アンチエイジング、エステ、アロマテラピー、ハーブにはまっていて、元気の秘訣だと思っています。お酒を飲むことだけが男ではないでしょう。わたしも倒れるまでは、ヘビースモーカーでよくお酒を飲みました。若さを保つためには「健康に配慮しながらおいしい料理を食べることを楽しみたい」というニーズが大切です。ゆっくり食事したい、きれいな食卓で食事したい、おいしい味噌汁を毎日食べたい、おいしいごはんを食べたい。

アメリカのマーケッターが、なかなかいいことを言っていましたよ。「もしあなたがダイエットしたいなら、長生きしたいなら、健康でいたいなら、料理を手づくりしなさい」と。食べる楽しみは、食べるだけでは本質が見えてこない、作る楽しみの素晴らしさを理解して初めて食べることを楽しめるのだそうです。

なんとなくわかりますね。N＝1わたしの家族とわたしのニーズ、「顕在化しているニーズ」

を書き出したことになります。あくまでも顕在化しているもので、潜在しているものはわかりません。変な例ですが、わたしが本当に恋をしたい相手は、どんな人かわかりません。目の前に現れないとね。これが潜在化しているということだと、わたしは理解しています。

さてここから、「顕在化しているが未充足のニーズ」を見つけ出してみましょう。「いつまでも外見も心も体も若さを保ちたい。」これは、完全に未充足です。同じようなニーズを持つ人は、定量調査で明確にできます。iPhone, iPadは、わたしの潜在していたニーズに応えてくれましたが、バッテリーが持たないのは、顕在化した未充足ニーズですね。こうした端末の進化の一方で、人によって、情報格差、生活格差が顕著なことも見逃してはなりません。どちらが幸せかは別ですがね。

◆周囲を観察する

自分自身を知ったら、次に、日々生活している場面においての観察です。さらに「お客様の観察」「街の観察」「お店の観察」「ヒット商品の購入」「買ってみる、使ってみる、食べてみる」など、人を、お店を、街をよく観察すること、普段生活の中でのお客様の声に耳を傾けること。こうして、マーケットリサーチの第一歩を、あなたは踏み出すのです。

宝探しのキー：①　自分の欲しいもの、やりたいことが開発仮説

自分と同じタイプの人がどのくらいいて、その人たちが購入意欲を持つかどうか。それを調べるのが定量調査です。自分のニーズを考えてみるだけで、仮説を立てることができます。自分が欲しくない製品を企画することほど、つまらないことはないですよね。

家族、友人知人の気持ちを理解してみましょう。家族の気持ちやお嫁さんの気持ちが分からなくてお客様のことがわかるはずがない。特に、マーケッターを自負する人たちに問いたいです。「家族の気持ちをよく考えて、家族とうまくやっていけない人に、お客様に支持される商品を作れるのだろうか」というのがわたしの意見です。そう言うわたしも、できているか不安ですが…でも大切なことですね。

さて、少ない例ですが、わたしが、過去の調査で入手していたデータから典型的なものをピックアップして考察してみました。日々、淡々と過ぎる毎日ですが、「節目」というものがあります。ここで、大きく生活や価値観が変わっていくのでしょうね。

■事例1

これはネット調査で、「あなたの生活で最近変化したことを教えてください」に答えられたものです。その女性にとって、結婚が大きな転機になり、旦那様のことを考えて、野菜をたくさん食べる料理、健康的な味作りに工夫していることがわかります。新婚だからかもしれないですけど。さあ、いつまで続くのでしょうか。

「主人と結婚した時から、徐々にわたしの食生活が変わりだしました。まず野菜中心の食事になりました。そして、今までは、サラダにドレッシングをたっぷりかけていたのが、素材そのものの味、おいしさを楽しめるようになり、ドレッシングをかけなくなりました。薄味だけどおいしいものを意識しています。」（有職主婦31歳）

■事例2

女性にとって、結婚よりも大きな転機、それは、妊娠と出産です。子供のために、家族のために。生活や今までの考え方を変えて、目にみえる変化が現れるか否かで、実は、その家族の将来が変わるのです。

この30年の家庭内食の最大の変化は、料理を作らなくなったことです。主婦が働いていることは当たり前です。最大の要因は子供がいないからですよね。そして、家族人数が少なく、さらに家族全員で食卓を囲まないのです。普通なら、お母さんは子供のために料理を作ります、作らなくても準備はします。

「子供を妊娠出産して、授乳をするようになってからは、子供のために嫌いな野菜を進んで食べるようになりました。また、大好きだったお菓子を控え、栄養のバランスを考えるようになりました。自分のためというよりも家族みんなのために質のいい食事を心がけるようになりました。」（専業主婦36歳）

■事例3

夫婦二人で始まった家庭は、子供が生まれて成長し、そして、家から巣立ってしまうと、このようになるのでしょうね。子供がいることによって成り立っている家族。実は、これらの発言だけでも、子供が少ない社会、子供がいないことが、どれだけ変化をもたらしてきたかが窺えますね。

子供がいなくなったら、今度は、自分たちの健康の心配です。

「主人と二人になり、食事は出来合いのお惣菜を購入し、食卓に並べることが多くなりました。いろいろな野菜を購入しても結局、腐らせてしまうことも多く、卵10個パックを買っても賞味期限が切れてしまっていました。だめですね。また、寝つきが悪く、寝酒の量が増えて、ついに、血圧が、グゥーンと上がってしまいました。とうとう降圧剤の薬を飲まなければならなくなりました。」（公務員女性55歳）

このようなデータを200～1000人程度集めて、テキストデータをしっかりと読んでいく定性リサーチは、その手間と労力が大変ですが、得るものは、数値データとは異なって、人のこころの動きを感じることができます。

このような「定性的ビッグデータ」は、SNSと連携すればもっと効果的に生の声として取れる可能性があります。（論点がずれるので、個人情報保護の議論は、ここではしません）

宝探しのキー：② 「人生の節目」による変化

人生の節目、節目で、その意識と行動が変化するのだということを念頭において、リサーチに取り組むことが求められます。節目の意識や行動が異なるということは、社会が変化してきているということです。学校入学　高校大学受験、一人暮らし、就職、結婚、出産、離婚、病気、子の独立、定年、退職、孫誕生、失業、親の死等。特に、「子供」がキーとなります。

二　仮説なくしてリサーチなし

リサーチ（調査）は、サーベイ（測量・測定）とは異なります。リサーチを英語で表すと「Careful study especially to find out something new（LONGMANより）」。マーケティングリサーチとは、調査と研究と企画の意味を包含しており、定性情報で仮説、課題を設定し、それを定量調査で検証することによる一連の研究のことです。

仮説なくしてリサーチなし。仮説が立てられるということは、課題が明確になっているということです。仮説づくりには、セカンダリーデータの収集と分析で、定性調査を活用して行います。その仮説を検証するのが定量調査です。

国は別として、企業が行うリサーチは、仮説の設定が費用対効果を高めます。日頃からいろいろな仮説を持っていること、常に調査結果を何故という視点で見ること、そのことにより自分たちの思いもよらなかった新しい発見をつかみ出すことができるのだと思います。調査手法の開発、調査技術のレベルアップは難しいテーマですが、メーカー、リサーチ会社が協力してチャレンジしていくことが望まれます。

また、セカンダリーデータ（人口統計など）を徹底的に活用し、準備に時間をかけるのがとても大切になります。インタビューや行動観察、セカンダリーデータの収集と分析等、時間のかかる地味な作業をコツコツと行うことは、その後の解釈の深さに差が出てきます。身近で手軽に収集できるデータから平坦な物事ではなく、誰も気づかなかった、競合企業も知らなかった、お客様の真の姿、深層心理を読み取り、課題を発見したいのです。

それは、宝探しであり、本当の意味でのマーケティングリサーチなのです。宝を探し当てられれば、費用対効果の問題は一度に解決してしまいます。

三　潜在ニーズの探索、発掘、評価

潜在ニーズは、自分たちが気づいていないだけだという基本認識のもと、探索やリサーチを行うことが大前提です。「お客様の日常行動を徹底的に観察すること」と「インタビューによる満足度が高い生声、発言を捉えること」この二つがあると思います。

「人のこころ」はだれにも見えないけれど「こころづかい」は見える

詩人・宮澤章二さんの一節で、東日本大震災の時、ＡＣジャパンのＣＭで何度も流れたことを覚えている人も多いでしょう。このコピーは、マーケティングリサーチの神髄を言い当てていると思います。人の態度、心配りをみれば、本音を読み取れるということです。

さらに、強い潜在ニーズは、お客様の「満足した」という強い発言から読み取れ、その「満足」に、新しいヒントが隠れています。「不満」を聞いても改良点はみつかりますが、潜在ニーズは見つからないのです。満足した人に、その意味を聞くことです。

「行動の観察」や「満足したという発言」を「こころ」で聴いてその本質を探るのですが、そのためには、何度も言いますが、幅広い知識と経験が求められるのです。文章で書くと簡単ですが、なかなか難しく発掘できないものです。しかし、発掘しようとする強い意思と根気がないと絶対に見つからないことを、商品企画エンジン㈱の梅澤伸嘉先生から若い頃に教えていただきました。

根気、好奇心、執念、あきらめの悪さが必要です。発掘するには、発掘できるまでやめないことだと先生から教わりました。発掘するための切り口は、「生活上の問題を解決すること」「多くの人が頻度高く実施していることに着目すること」「解決されたら飛び上がるぐらいうれしいこと」「モノに着目するのではなく、生活上のコトに着目する」「日常行動を否定するところから考えること」「やりたくないけどやっていること」「やりたいけどやっていないこと」「過去は、やっていたが今はやっていないこと」「今は、大変に時間がかかりすぎていること」

「とても不経済なこと、とても面倒なこと、とても不便なこと」等です。

潜在ニーズを抽出できたら、仮説化し、そのターゲット、ニーズ強度、新規性を定量的に測定することが必要となります。

四　お客様の声、発言からニーズを読み取るには

マーケティングリサーチと言えば、グループインタビューを多用するのは、どの企業も一緒かもしれません。場合によっては、グループインタビューを意思決定に使用するところさえ多くなっていると聞きます。

アメリカや中国は自己主張が強いので、持論を主張する人も多いですが、日本では、他人に振り回されることが多いように思います。しかし、実際の行動はちょっと違うとわたしは感じています。

そこでわたしは、個別面接インタビュー調査をよく使いました。でも個別インタビューは、日本の場合少ないみたいです。人の影響を受けないのはいいと思いますが、時間とコストがかかるのが理由です。

わたしなりに、個別インタビューとグループインタビューの差と使い方を**図表2**に整理して

【図表2　インタビュー手法の特性】

個別インタビュー	グループインタビュー
・対象者個人のプロフィルを描くこと ・意識や生活の深い背景 ・消費者の深層心理 ・グループインタビューに比べると、比較的「大きなテーマ」になる	・グループダイナミクス ・5〜8人の仮想マーケット ・フォーカスしたグループを対象として消費者の心理過程を明確に ・個別インタビューに比べると「小さなテーマ」より具体的なテーマになる
例えば ・人はなぜ車に乗るのか ・お母さんはなぜ料理をつくらないのか…等	例えば ・ワンボックスカーのメリット，デメリット ・新しい料理に対する反応…等

（著者作成）

みました。

どちらのインタビューにおいても、発言からニーズを読み取る時に注意すべきこと、よくある読み誤りのケースがあります。以下に記しました。

仮説を設定したうえで、発言が、体験にもとづくモノなのか、非体験なのかをよく吟味し、体験情報を重視します。非体験は、建前、受け売りが多いのです。

意見はカムフラージュしてから本音を言うことが多いです。「おいしいけど、やや薬くさい味がする」という意見は、「薬くさい」ことが本音、「おいしいけど」は、カムフラージュですよね。

消費者に直接何がほしいか聞いてはいけません。今無いものを欲しいとは、言いにくいからです。ましてや文章で聞くコンセプトはなおさらです。ただし商品までできた段階で見せると、判断してしまう人もいます。

人は、言いたくないことは曖昧に、言いにくいことも曖昧になり、本音はなかなか発言してくれないものだと、わたしは考えています。お客様の発言には、建前やウソが多いことを前提として、曖昧な意見に振り回されず、強制的に答えを求めたインタビューは避けるべきです。

お客様の声や発言から真に意見、考えを読み取るには訓練が必要です。自分と家族との会話を考えてみるとよく理解できますね。その上での探索に臨んでいくことが、目的に到達できる可能性を高めます。グループインタビューは、意思決定のための手法ではなく、課題発見、仮説構築が目的であることをしっかりと理解したいものです。

五　お客様が充足していないニーズとは

商品開発を進めていく上で、「未充足ニーズ」の発掘と解決は、大変重要なテーマです。わたしの理解では、未充足ニーズとは、すでに顕在化しているニーズの中で十分な満足が得られていないか、充足手段がないニーズです。そのニーズは、たいへんわがままなニーズであると思います。特に、未充足の程度が強いほど、充足させたいというニーズは、強くなります。

しかし、ここでどのようにして未充足ニーズを発掘すればよいかという課題にぶち当たります。日々の観察、インタビューからどのようにして見つけだすのか、その方法について整理してみました。

ひとつは、「日常生活で困ったこと　困っていることは何か」「未充足の充足手段はあるが、充足度が低すぎて満足していないものは何か」「強い未充足に応えても、ニーズを満たすアイデアの完成度が低い」等あげられます。これらは、梅澤先生のセミナーで何度も教えていただいたものです。

これらの調査手法は（慎重に選ぶべきですが）、インタビューやアンケート調査で十分に対応できる可能性があるように思われます。ただし、顕在化しているニーズの未充足に対応するだけでは、なかなか新市場、新カテゴリーの開発にはつながりにくく、製品改良にとどまるケースが多くなると思います。

もうひとつ、自分にとって強い潜在ニーズが明らかになった時、それが完全に未充足であれば、新市場発掘につながるかもしれませんが、このケースは、まれなように思いますが、実は、できないとあきらめている場合が多いことも事実です。

すべての人にとって、本音のニーズが達成したいはずです。しかし、消費者の発言の大半は、建前かウソであることが多いと言われています。意図せずに発生するのが「建前」、意図しているのが「ウソ」。本音のニーズを推察するには次のように対応するのだそうです。

発言した人にとってそのニーズが、必要か否かを考えて成立すれば、そのニーズは、その人の本音になるはずですよね。また、人はよく「実はね」「内緒だけど」とこっそり耳打ちして人に伝えることがあります。それは、「内実」と言って本音になります。そのような場面にあなたは出くわしていませんか。もし、あなたが人から本音を引き出したいと思うなら、少し極端な方法かもしれませんが、「その人の常識や理性の枠を破壊する」「無礼講にする」「何らかの方法でその人を興奮状態にする」ことだと聞きました。

なるほどと思いますが、リサーチとしては適切ではないかもしれませんね。人は時として、公の場で、開き直って、破れかぶれになることがありますが、そうなった時は本音、絶対に本音です。

インタビュー等のリサーチの現場で本音を引き出すためには、次の手法を使うと本音を引き出せると言われています。「他人のことを話題にして、話を進める」「実際に行動させる、行動してもらう」「実際の目的意図をさとられないで、会話をさせる」「実現するとうれしいことを話題に」等々。

人は、やっかいな生き物で、本音を自ら抑制することがあるので、よく覚えておいた方がいいのですが、たとえば、相手からよく思われたいとき、恥をかきたくない時、うまく説明できない時、発言すると損することがわかっている時等に本音を抑制するのです。

このように、人の本音を探るということは、お客様を正しく理解すること、事実を把握することです。お客様を正しく理解する上で、大切であり、発言とともに、顔の表情や言葉の使い方、話し方を通じて推察できる力を身につけていくことが、インタビューリサーチや観察調査には必要であり、プラスαとして長年の経験も必要になります。

宝探しのキー：③　食べると自然と笑顔になるおいしさ

ただ単に、おいしいだけでは、当たり前の時代です。

本当に、こころから家族や友人知人に伝えたいと思えるような、自分自身が感動するようなおいしさ作りが求められているのだと思います。食べて自然に笑顔になるような。そのぐらいこだわって開発しないと、差別化は難しいですね。

六　大切なのはお客様の自発的な声

今、メーカーが一番大切にしていることをお話しします。メーカーは、おそらく、製品に対するお客さまの声、問い合わせ、クレーム、営業から上がってくるいろいろな声を集めて、社内向けに発信しているはずです。普通、クレーム情報とか、お客様問い合わせ情報とか言って流すものです。

　しかしそれだとわたしは、なかなかメーカーのいろいろな部署に浸透していかないという現実を経験してきました。逆に、最近では、経営会議の議題の一番に取り上げられる程、経営者が神経質になっていますね。安心安全が問われると当然マスコミネタになり、想像以上の悪い方向で影響を受けるからです。

　まず一番にすべきこととして、このお客様からの声を、すべての社員の方に知ってもらうことが必要と考え、どういうタイトルをつけたら関心を持ってもらい読んでいただけるだろう、と考えました。結果、今までは『お客様クレーム問い合わせ情報』だったものを、『自社製品を繰り返し買っていただくために』というタイトルに変えてみました。調査レポートでも、タイトル一つでその伝達力に影響するものなのですね。ここにもマーケティングがあります。重要なことを挙げてみます。ブランド、自社製品を守るために価値を上げていくために、お客様の声をいかによく聞くか。できるだけ多くの社員が、お客様の生の声を聞き、自分の仕事を見直すか。それを徹底できるかどうか。すぐにお金をかけて調査するだけがマーケティングリサーチではないのです。社内に伝達しなくてはなりません。これは、お客様からメーカーへ（C to B）のコミュニケーションです。

　市場調査というと一般に、B to Cであり、我々が強制的にお客様から聞き出すものです。他方、お客様からのクレーム問い合わせはC to B、お客様の自発的意見・提案なのです。自発的ということがキーなのです。

お客様が直接お金を払って電話してきたり、メール、FAXをくれたりするのです。中にはクレーマーもいて困るのですが、この情報をないがしろにしたまま、調査ばかりしている会社があるならば、それは間違いです。最近はそんな会社は少ないと思いますが、まだまだ会社内にも考えの古い人は依然としていて、「お客様からの電話なんて、クレーマーが多いに決まっている」などという意見が大声で語られます。

そういう一面もありますが、わたしは、問い合わせ情報を、お客様の自発的意見、お客様からの体験的情報と捉えています。経験に基づいて、自ら電話なりメールなりで行動を起こしているお客様を、オピニオンリーダー、口コミの源泉として位置づけて対応していくことが大切だと思います。

一人ひとりの小さな声に大きなビジネスチャンスがある、というふうに理解をして、わたしはお客様の声を四つの象限に分けて整理し分析してきました。次の**図表3**をご覧ください。

■A象限

この象限は、お客様からの声・意見は、体験に基づいていて、かつ、ポジティブであるもの

【図表３　インタビュー手法の特性】

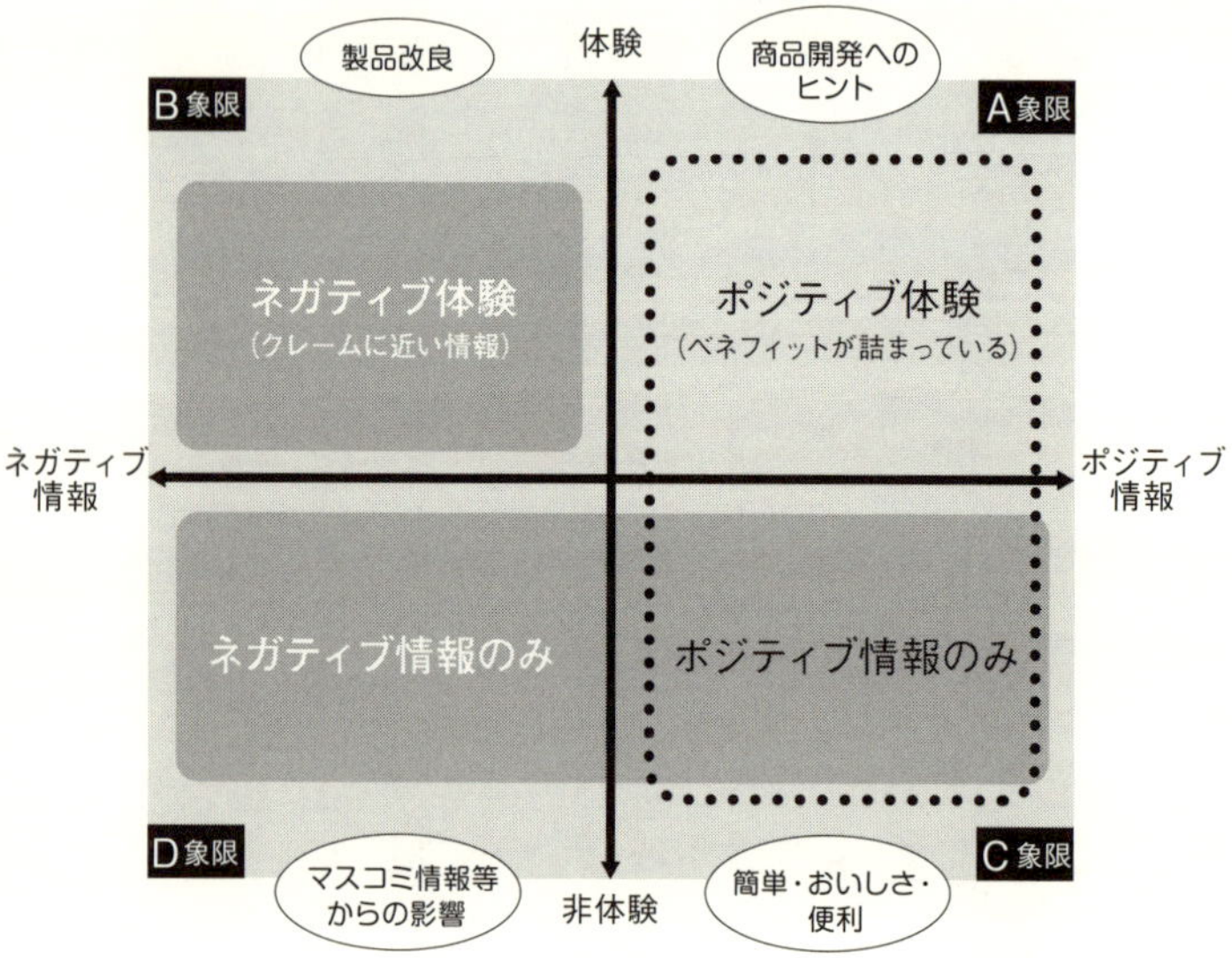

（著者作成）

です。すなわち、商品を使ってみて、食べてみて、満足しているという内容です。体験した上でのお客様の声は「宝物」です。この満足頂いたベネフィットは、何なのか。これが分かれば、他の人たちにこのベネフィットを伝えれば、さらに需要の拡大や新商品の可能性が出てくるはずです。また実際にその商品を使用した人でなければ、分からないものであれば、なおさらです。

この象限の意見は、少ないですが、最近は、満足度が高い場合、お客様からご連絡をいただくケースが多くなっているように思いました。商品を使って満足している人の声は、実はネット上に、多く存在しているはずなのですが、ネット上からのいい分析方法は、まだ確立されていません。

■B象限

この象限は、お客様が実際に体験してみた上でのクレームであり、内容の如何にかかわらず、改良しなければならず、場合によっては、回収に至るようなクレームになってしまうことも想定しておくことが必要です。以前からお客様対応は、このクレームに対するものが大半であり、企業はかなり神経質になっています。また、クレームにはならないと思っていても、ビックリするぐらい多くの人から問い合わせが殺到することもあり、注意深くお客様の声に耳を傾けるべきです。

クレームではないですが、以前に商品力の調査段階で、100名のホームユーステストを実施した際のことです。対象者に使用していただいた際にたった一人だけ、「すこし変な臭いがする」という回答がありましたが、気にもとめず、調査結果としては評価が高かったためその反応を無視していたのですが、商品発売後に、異臭がするというクレームが殺到しました。すべての人でなく一部に、特定の成分の臭いがダメだという人がいる反面、いい香りだという人が大半だったのです。100名程度の調査では、1名でもネガティブな意見は、よくよく吟味が必要であると思い知らされました。何故なら、人口100万人の都市では、1万人の人が、異臭を感じることになるのですからね。

■C象限

この象限は、ポジティブな意見だけれど、体験した結果ではなく、知識としてまた広告や雑誌などのメディアから得られたものです。体験して得たポジティブな意見ではないものです。簡単、時短、カロリーオフ、無添加、ダイエット、○○産等。

これらの内容は、常に、どんなアイテムでも評価が高いため、コンセプトが評価されていると錯覚してしまう可能性があることに、十分な注意が必要となります。実際に、自分が使用していないのに高い評価をする人がいたら要注意なのです。

■D象限

この象限は、C象限の反対で、体験していないが、常にネガティブな条件としてお客様が持っていることとか、マスコミでとりあげられて話題になっているネガティブ情報が含まれます。例えばですが、以前に中国産冷凍餃子の農薬混入事件がありましたが、そんな事件が起こりますとすべての食品に対する農薬の心配が発生し、場合によってはパニックになってしまうこともあります。風評被害もこれに似ていますね。事前から常に、お客様がネガティブに感じていることをキャッチし、その対応を準備しておくことが大切であると思います。

これらの情報は、すべてC to Bであり、マーケティングリサーチの基本のひとつであります。ほとんどの企業は、広報室か、お客様相談センター等の部門が対応していますが、わたしは、できれば市場調査部門か開発部門が直接、お客様とコミュニケーションできれば、きっと大きな収穫があるものと思います。リレーションシップマーケティングセンター（いわばリピート顧客重視のマーケティングセンター）が、リサーチ部門の目指すべき方向と思います。マーケティングリサーチ部門は、常にお客様とFace to Faceで情報を集めることが基本だからです。

宝探しのキー：④　お客様のポジティブな体験情報

お客様の声は、最も大切なマーケティング情報ですが特に、実際に商品を使って食べての、お客様の満足された点とポジティブな意見や評価は、メーカーにとって宝物です。

このお客様が感じたベネフィットを、まだ購入していない人にどのように訴求していけるかが大切なのです。なぜ満足したのかということです。

◆商品を成功に導くために

㈱ドゥ・ハウスの稲垣佳伸社長が、著書『「超」マーケティング』の中で述べられている考え方をご紹介します。わたし自らの経験と合わせてまとめてみました。

例えば、実際に使っていただいたお客様からの「よかった」という声は「ポジティブ体験」です。このケースは多くありません。この情報を集める手法開発が求められます。他方、体験して「悪かった」という声は「ネガティブ体験」です。これはクレームですから直さなければいけません。迷う必要はなく「直せ」となります。一番厄介なのはマスコミの影響です。これは非体験の方によるネガティブ情報に分類されます。「狂牛病が出たが、お前のところは大丈夫か」というような場合です。ご自分は買ってもいないのにわざわざ聞いてくるのです。自分の所に関係なくても、他社なり異業種で起こったら、食品メーカーには、そのほとんどがクレームとして上がってきます。

ハウスウェルネスフーズ㈱の「ウコンの力」は、2004年に発売されていますが、それが発売される前の段階で、スパイスには料理に関する問い合わせよりも、スパイスの健康機能に関する問い合わせのほうが多くなっていたのです。どれだけ注意深くお客様の声を聞くか、また、どれだけ幅広い分野の知識と経験を持っているかによって気づきは異なってきます。

その他、お客様の生の声から得られた知見を拾い上げてみますと、最近の主婦はあまり料理をしなくてもよい環境にあるので、今まで常識としてきた調理に関する認識を変えなければならないとでも言うべき、想像しがたい問い合わせがあるのです。

メニュー専用調味料で例を挙げますと、「調味料はそのままで食べられますか」「そのまま子供にあげてもいいですか」これらは実例です。スナック菓子だと思っているのです。「調味料は、保存してもいいのですか」「このメニューに合うごはんの適量はどのくらいですか」「どのようにして調味料を使うのですか」等です。また、米を洗剤で洗うことに抵抗のない人が結構いますね。一体お母さんたちは何を教えてきたのですか、これは学校ではなく家庭の問題、親の問題だと思います。

参考までですが、商品を成功に導くために、調査担当者や開発担当者が気をつけてほしいことは、次のようなことです。「コンセプトが明確ですか」「差別的優位性（オリジナリティー、ファーストエントリー、イノベーション）がありますか」「顕在ニーズの未充足、不満足を解決していますか」、そして、価格反応、パッケージデザインでの評価、購入意向、魅力の伝達、食べていただいてのパフォーマンス等の課題をすべて調査し、その情報からトータル的に判断することが求められます。

わたしが、たびたび経験したことです。ある製品が全然売れないということで、味覚改良がテーマになります。認知率10％・販売店率20％しかないので、お客様に届いていないはず。だから、食べてもらっていないのではないでしょうか。このように店頭に並んでいないのに味やコンセプトを変更しようとするケースが非常に多いです。その前に大切なことは、まず、トライしていただくこと、次にもう一度買っていただくこと、さらに、「おいしい」と多くの人に伝達して新しいトライを生んでいただくことです。それらのことはしっかりデータを取っていればわかることですが、なおざりにしているケースが非常に多いです。マーケティングの基本が忘れられているのかな、と思います。

いろいろと調査をやっていて気が付きました。広告は、認知率向上のためだけではなく、流通に扱ってもらうためにも重要です。ものすごいイノベーションがあれば別ですが、やはり広告をしないと、そもそも新しい商品は、なかなか棚に並びません。広告する価値がない商品なら、発売を見送るべきです。バラエティや改良品等は別ですが。営業政策上、また、売り上げが足りないからという理由で出した製品は必ず失敗します。失敗は、見えない多くのコストがかかっていることを忘れないでおきましょう。

七　メーカーの宝探し（新製品開発）

新製品開発において、試作品ができていてパッケージも完成している段階以降のリサーチは、比較的体系化されています。コンセプトテスト、ネーミングテスト、パッケージデザインテスト、味覚テスト、総合的な判断に必要なホームユーステスト、模擬小売店頭調査等が一般によく使われています。いずれも、ＣＬＴ（セントラルロケーションテスト）やＧＩ（グループインタビュー）等、会場で行う実験的な色彩が強いリサーチが多く、商品力の測定にはホームユーステストが必要となりますが、実際に実施されているケースは、少ないと思われます。

この新製品開発プロセスにおける初期段階、「何を作るのか」という開発コンセプト、アイデアの抽出段階に必要になるのが「宝探しのキー」です。そのリサーチの手法が確立していないのです。リサーチの流れを**図表４**に示してみました。

お客様のニーズをつかむのに有効なのが、宝探しのためのＮ＝１のマーケティングリサーチ。さあ、まずは観察です。

観察は、お客様の声に耳を傾け、しっかりとその行動を詳細に記録することです。ただ、聞けばいい、観察すればいいというわけではありません。お客様の声を読み取るには訓練がいる

【図表4　製品開発プロセスにおけるリサーチの流れ】

〈発売前〉	宝探し 開発仮説 設定と企画	定性リサーチ	インタビュー調査，フィールド観察，ホームヴィジット，お客様からの問い合わせ等。
		定量検証 （量的確認）	数百～千名の対象者に，開発テーマ裏付け。開発コンセプトの妥当性の検証。
	製品 トライアル力※ の確認 ※買う前に欲しいと思わせる力	コンセプト／ コピーテスト	会場で，製品コンセプトや製品コピーの評価を確認。
		パッケージ／ ネーミングテスト	会場で，製品のパッケージやネーミングの評価をチェック。
	製品ﾊﾟﾌｫｰﾏﾝｽ力※ の確認 ※買った後にまた買いたいと思わせる力	味覚 CLT （会場テスト）	会場で，製品の味覚評価・改良方向を確認。
		ホームユース テスト	家庭で製品を使用していただき，味覚・使い勝手や容量等の評価を得る。
〈発　売〉			
〈発売後〉	製品浸透度 の確認	浸透率調査	発売後の製品認知・購入経験・継続購入・購入意向等の浸透状況を追跡。
	市場（構造） 変化の確認	ブランドベンチ マークサーベイ	ブランドの浸透やイメージ，満足度，購入・使用意識実態等を確認。

（著者作成）

【図表5　N=1の生活日記　記入例】

時刻	どんなシーン	何を　商品，モノ	どんな使い方	未充足
5:00	起床，起きてすぐに，枕元に	ペットボトル水 のどスプレー	のどが渇いて，さらにのどが痛いことあるので	のどが痛くなるのを防止できていない
5:10	書斎の机で，血圧を測る	市販の血圧計	毎日，同じ時間に	病院から薬をもらっている
5:30	朝食	毎度ワンパターンだけどおいしい ・ハムときゅうりのオープンサンド ・青汁，繊維入りYOGURT りんご半分 目玉焼き 生野菜サラダ	いつも同じだけれどこの食事にオーダーメイドサプリ ・マルチビタミン ・DHAセサミン ・コエンザイムQ10	人間ドックの結果を踏まえて自分なりにコストも考えて，サプリメントを組み合わせる
6:30	出勤	健康管理用ポーチ ・目薬，点鼻薬， ・オロナイン，バンドエイド，飴，リップ，正露丸，乳酸菌，のどスプレー	今までの失敗と経験から常に持ち歩くようなった。実に助かる。	充足度は高いけれど，新たなトラブルがあると増えていく
終日		万歩計	いろいろなタイプをこころみたが、単純に1万歩歩数だけの万計でおちついた。	1万歩超えるまで家に帰らない決意

（著者作成）

のです。

別名N=1のビッグデータです。1人の人のすべてを詳細に調査すること。本当に実践すればたいへんなことになりますが、考え方は、同じですね。データの入手は、フォーカスした1人の人について、「いつ」「どんなシーン」「何を」「どんな製品、どんなモノをどのように、使用した、食べた」等、「その時の気持ち」「何に満足し、どんな不満があるのか」です。データを一日中とり続けていくことになります。

図表5に生活日記の書き方の一例を示しました。この日記を書いていただいてからインタビューに入るのが一般的なやり方だと、わたしは思います。これが、本当の意味で、『マーケティングリサーチ日記』ですかね。

N＝1のマーケティング日記の書き方を示しました。1人の人の一日中の行動、書くだけでも大変ですが、行動ひとつひとつを精査すると、生活と商品を通して本当のニーズが見えてくるのです。本人にはわからないことが多いので、調査者がインタビューしてやると、さらに多くの情報が見えてきます。

さて、商品を通じて見えるお客様の潜在、顕在ニーズの事例を2つ、示してみましょう。

■事例1　毎朝ヨーグルトと混ぜて食べているサプリメント

毎朝ヨーグルトと混ぜて摂取しているものとして、ゼロカロリーシュガーと食物繊維（たぶん水溶性）と青汁粉末のスティックが挙げられた事例です。50代の男性サラリーマンです。かなりの健康オタクのようです。

世の中には食物繊維を植物繊維と誤解している人が多いように思いますが、この方はキチンと把握していらっしゃるでしょう。最近の店頭を見ていると、難消化性デキストリンが入っていれば、なんでもトクホになるような感じがしますね。青汁粉末は野菜不足を気にしているのでしょうか。粉末だから携帯用かな。肥満か糖尿病を気にしていると推察します。

この方が、感じているベネフィットは、何でしょうか。おそらく、それぞれの製品の効能が、理解しやすく納得できるから使い続けているものと推察されます。健康オタクの人の悩みは、摂取するサプリや薬が増えることではないでしょうか。

「一粒で複数の成分がとれること」が潜在しているニーズだとわたしは感じます。「合剤」という考え方。医薬品分野でも、同じ悩みがあるそうです。

■事例２　深夜食

「夜の11時ごろに、あんまりお腹が空いていたので、寝る前にちょっとだけ作って食べました。」と書かれていました。４分の１をお椀に割り入れて熱湯を注いだチキンラーメンです。

チキンラーメンは、１９５８年に発売されて、もう60年を超える超ロングセラー。一番古い製品がこのカテゴリーで一番優れているような気がします。好きな時に好きな量をお湯だけで食べられる究極の食品。カップヌードルもかなわないのです。ミニサイズも売っていますが、この方のように好きな量を割るだけでも、おいしい、すごくおいしいと思います。本当にすごい商品です。チキンラーメンだけは、他の袋麺とは別物ですね。

◆お客様のニーズを掴む

新製品を開発していく上でのプロセスは、「何を開発するか、それは何故か」「製品コンセプトを確立する」「コンセプトを評価する」「製品仕様を決定する」「試作するのと並行してネーミング、パッケージデザインを決める」「商品力を測定する」流れです。

このプロセスのなかで、マーケティングリサーチがシステム化されていないのが、「何を開発するか」という開発の初期段階です。そもそもシステム化など、できない分野ではないかと思います。しかし、何を開発するかを、開発担当者、技術者、経営者等、開発に携わっているすべての人が考えていくための、質の高い情報を提供することが、マーケティングリサーチの役割だと、わたしは思っています。

そのために、リサーチの手法の開発とそれを正しく実施していくことが、画期的な新製品、将来の社会に必要な製品が作り出されていくことにつながるものと思います。マーケティングリサーチは、お客様の発言、行動を正しく理解して、お客様にすでに顕在化しているニーズの未充足な部分を解決するという宝探しのセオリーがあります。これが基本であり、分かりやすい新製品企画の手法です。これができていない企業の製品は、消費者から見捨てられていきます。

そして、大変難しいのが、お客様も気がついていない潜在ニーズをお客様の発言、行動から読み取って、新価値・新カテゴリー・新製品を見つけ出すということです。これには、開発担当者の資質、経験、知恵と知識が問われます。かなり難しいことです。

「何を開発するか」は、定量情報からは、まず出てきません。先発メーカーが成功したものを追随することは、企業としてやらなければならない一つの仕事かもしれませんが、先発メーカーを越えることは大変困難なことです。

お客様に新しい価値、新しい生活、おいしさを届けるためには、「何を開発しなければならないか！」。調査者が、やらなければならないことは、定性的に、お客様、家庭、生活、街、社会を国内外問わず探索、探究することです。

それを、わたしは、N＝1のマーケティングリサーチと呼んでいます。いろいろな次元はありますが、将来仮説を見つけ出すことです。そして、その仮説の将来性を定量的に検証していくことです。社会の発展にリサーチ分野が貢献する最も大切なことです。

とはいうものの、まったく新しい製品は、おそらくたった一人の人のアイデア、思い入れがないと実現しないものと思います。一人の人のこだわりを実現に結び付けていける企業風土が必要なのだと思います。

八　N=1マーケティングリサーチの事例紹介

ここで実際にわたしが、大学の実習で行ったN=1マーケティングリサーチの事例紹介をしたいと思います。大学院二回生男性の一日の生活日記です。「どんなシーン」で「何を、商品、モノ」「どんな使い方、食べ方」そして「その満足度」を、時間とともに記入して（**図表6**）もらいました。

さらに最後に、本人の感想を書いてもらっています。これをベースに、個別のインタビューを行い、彼の未充足のニーズの抽出を試みてみました。

【図表6　リサーチの基礎　自分自身を知ろう　事例】

大学院生T.H君

目的：毎日の「自分の行動」と「商品，モノ」との関係から，自分の生活シーン，ニーズ，その時の気持ちと満足度不満足度を明確にする

時刻	シーン 場面	商品，食品との接点	どんな気持ち	満足度　未充足度
例） 5.00	朝目を覚まし寝床で	ペットボトルのお茶 喉スプレー	・寝ている時水分が不足して喉が渇く ・花粉症で寝ている時に鼻がつまり，喉が痛い。	のどの痛みは，ときどきあり解決していない。
8:00 休み	朝，目をさまし，自分の部屋で	・タンブラーのお茶 ・点鼻薬 ・スマホ	・喉が渇いているので，すぐにお茶を飲む。 ・鼻炎で鼻が詰まる。 ・アラームで起きるのがいや	・お茶飲んで喉すっきり。 ・鼻炎はその日の調子による。 ・起こされた。
8:30	学校へ出発	・筆記用具 ・腕時計 ・ファイル勉強道具　・ムヒ ・点鼻薬 ・ペット飲料 ・ルーズリーフ ・眼鏡 ・デオドラントシート ・スマホ ・イヤホン ・財布　・タオル ・リップ　・傘	・自分のお気に入りの筆記用具で，電車に乗りながら徐々に勉強モードへ移行。 ・音楽を聴く ・暑くなってきたので，ヒヤッとするギャツビーのデオドラントシート常備。 ・タオルも同様。 ・雨の予報だったので，折りたたみ傘を所持。	・傘を持ちたくない。 ・夏になると，なぜか荷物が増えてくる。 ・電車に乗り，音楽を聞いていながら，自分の世界に入り，考え事をしている時間が好き。コリアンポップス 雨と傘
10:30	アパレル系授業スタート	・筆記用具，ファイル ・ペット飲料 ・ルーズリーフ ・スマホ	・ねむい。	・ねむい。 ・いい風があったのに，冷房を入れてしまったのはダメだった。 ・課題を出された時，先生が課題の内容を説明する前に，その内容がわかってしまい，苦笑い。課題がわかってしまった。

12:20	きょちゃんとレストラン・チルコロでランチ。	・ハンバーグランチ ・レモンティー	水曜日は，よくこのシチュエーションになる。	・ドリンクをサービスしてもらえる。 ・店長にいじられる。
13:00	そのままチルコロで勉強。 場所も広く静かで	・コトラー・ケラーの本 ・スマホ	上記と同様。	自分が分かることは教えつつ，ディスカッションしながらなので，すごく勉強にもなり楽しい。
14:30	美容院へ出発。男性専用サロン	・電車 ・イヤホン ・スマホ	髪が重かったので，切りに行く。うれしい気持ち。	雨が降ってきたので，気分が落ちた。
15:30	美容院	・男性専用美容院「クオンヒール」 ・カット ・カラー ・エステシェービング	・上記と同様。 6,000円	・髪が軽くなり，加えていい具合に染まった。 ・顔パックまでしてもらい，2時間ゆっくりリフレッシュできた。
17:30	寄り道したいなと思いながら家に帰る。	・電車 ・イヤホン ・スマホ	髪がさっぱりし，どこか寄り道して帰りたいなという気持ち。	・雨が降っていたので，めんどくさくなった。 ・そのまま家に帰る。
19:00	家の周りを散歩しに外に出る。	・財布 ・スマホ ・イヤホン ・傘 ・次の日の朝ごはんの材料	雨が降っていたが，外をぶらぶらしたかったので，家の周りのお店を回った。	次の日が休みだったので，朝ごはんを作ろうと，材料を買った。
20:00	ごはん 休みなので早い	・ごはん ・野菜炒め ・砂肝の塩焼き ・レバーの煮つけ ・ウインナー ・はまち刺身 ・つぼづけ	・バイトがなく，夜ご飯の時間にご飯を食べた。	・毎日，ちゃんと晩ごはんの時間に食べられていれば，太らない（はず！！食事の時間が遅いのが不満足
23:00	ラインしながら，テレビ見ながら，修論の課題をする。	・タンブラーのお茶 ・スマホ ・パソコン	よくそんなことができるなぁと思う。 修論の課題 低価格航空会社 成功していくために	段々集中してくると，ラインとテレビが邪魔になってくる。
25:00	就寝	・タンブラーのお茶 ・スマホ ・点鼻薬	いつでもお茶が飲めるようにスタンバイ。	次の日が休みだったので，よく眠れた。

（著者作成）

◆彼自身の感想（日記の記入のあとで）

《わたしの一日の行動とその心理的な側面について》

この日は、一日を通して、雨が降るか降らないか…それが気になっていた。折りたたみの傘を持ってはいたが、降らないで！と、心から願っていたが、降ってしまった。他の日と比較して考えてみると、この日は美容院の予約を入れていたため、散髪をしに行ったが、常になにか新しいものを求めてフラフラしていることが多いと感じる。目新しいものや、新製品を見つけると、テンションが異常に上がる。

《毎日の生活の中での不満不安》

- 荷物が重く、電車の移動が長いと感じている、だから傘を持ちたくない。
- 鼻炎持ちであり点鼻薬が離せない。
- 新しいもの好きで新しいものがないと嫌な気持ちになること。
- バイト等の移動中に、ランチをするとき、その近くにマクドナルドや吉野家などのチェーン店しかないと、イライラすること。

- 一週間くらい、日常から離れたいと思っていること。
- 小売店やメーカーが、消費税8%になった時に、商品のリニューアル等で、こっそりと商品価格を上げたこと。（例：伊藤ハムのアルトバイエルンがグランアルトバイエルンになった）

この日記と本人の思いを読んでいただいて、いかにお感じになったでしょうか。お客様、すなわち、消費者から得られる情報は、こんなものですと言えば、それまでですが、この日記は、この大学院生から得られた情報としては、かなりの情報量なのです。わたしは、この日記とインタビューから、彼が持っているニーズ、特に潜在的なものに目を向けて解釈してみました。

鼻炎で鼻が詰まり、口呼吸するので夜寝ている時に、喉を傷めたり、口が渇いたりするのを何とかしたいと日々思っています。鼻詰まりは、つらいですよね。ここに強いニーズがあります。「鼻炎等、鼻詰まりを容易に短時間で解消し副作用のない薬がほしい」そんなのはワガママなニーズだと研究者は言わないでほしいですね。次に不満に思っていることは、大学に行くのに、荷物が多すぎて時間がかかっていることです。ただこれも解決策はなかなか難しいのです。だから、「いかに移動中をさわやかにするか」に関心があります。いつ、いかなる時も、スマホとデオドラントシートは必須になっていますね。さわやかでいたいという未充足のニーズですね。彼の特徴は、食事については、何とか自分で作ろうとしているし、また、バイトなどで夜の食事が遅くなることを懸念しています。

彼は少し肥満を気にするほど体格がよく、おいしいものを食べたいけどダイエットの必要性も感じているのですが、良い手段がないと思っているようです。食べる物には、結構うるさく、いつも同じようなチェーン店ばかりで食事を済ませていることを嫌がっています。

このように、日常的にいろいろな不満、未充足をたった1人でも見出すことができて、結構だれでも感じていることが出てくるものです。定性情報は、たった1人でも生きた情報であり、この定性的情報に数多く接することが、調査者の能力向上に大変重要だとわたしは、思っています。ここから、新製品のコンセプトも考えられますよね。

第3章

セカンダリーデータと市場観察からの宝探し

ここでは、今まで、わたしが実施してきたリサーチ（セカンダリーデータ）と、日常のマーケット観察から導きだした生活トレンドというアプローチで、「宝探しのキー」を掘り出してみましょう。

もちろん、食に関わることが多くなります。脈略なく並べていることはご容赦願います。データは、最小限にとどめ、わたしの経験と考えを組み合わせて考察しています。

一　おばあちゃん中心社会に

◆人口減少しながら長寿社会へ

日本は老けましたね。そして、長寿にともなう老老介護の問題がクローズアップされてきましたね。50、60代の夫婦が90歳のおじいちゃん、おばあちゃんの面倒を見るという光景は当たり前になってきています。認知症での行方不明が一万人にのぼるとテレビで言っていましたね。この世代の問題は誰が解決するのですか。また、日々の生活と食は、一体誰が担うのですか。人口減少する中でますます高齢者比率が増える日本において、どんな仕組みで解決するのですか。人口オーナス化、すなわち、働かない人が働く人より多くなります。避けて通れない問題

【図表7　年齢区分別将来人口推計】

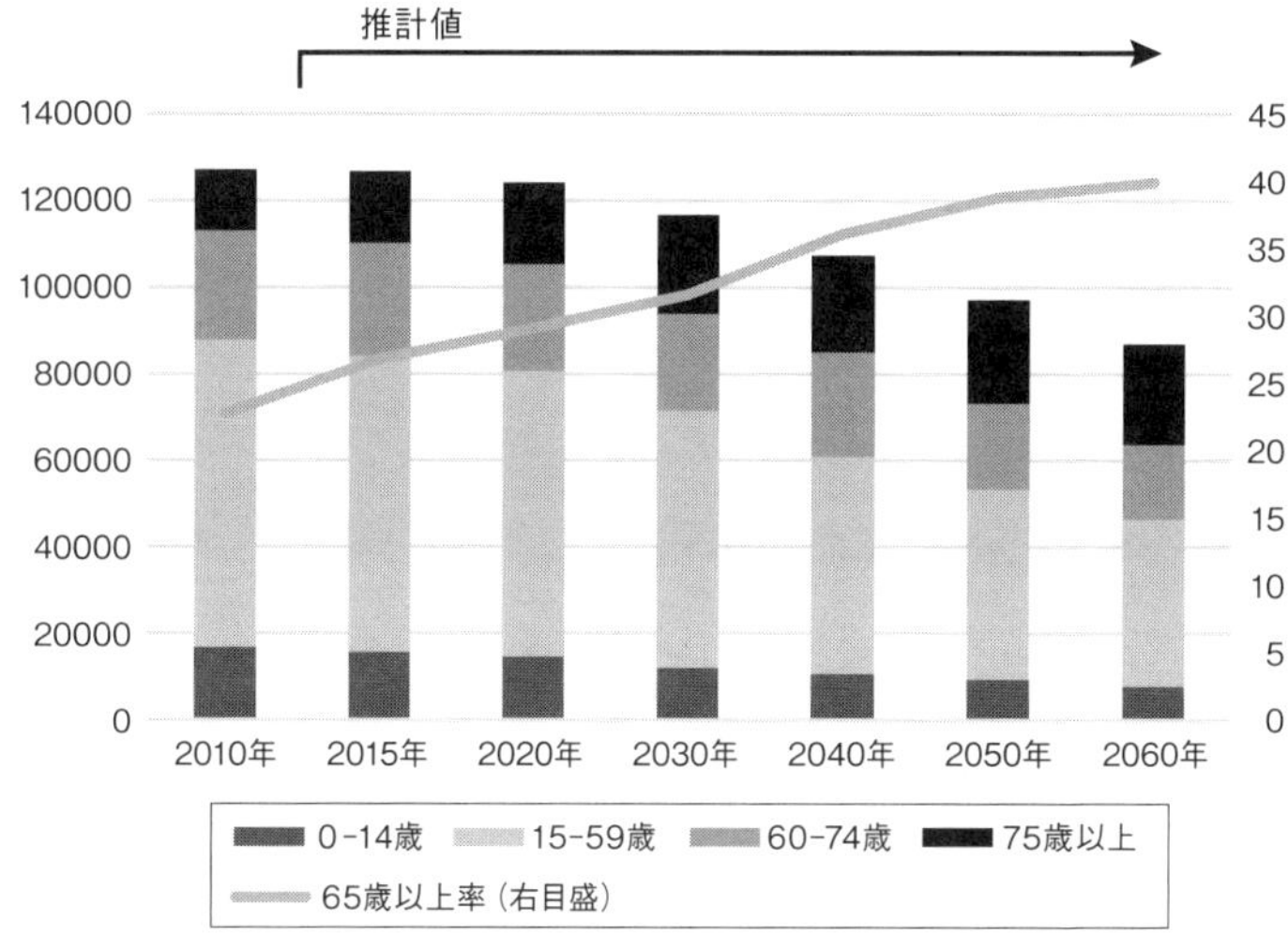

（人口問題研究所資料「日本の将来推計人口」平成24年推計より著者作成）

です。政府も企業も、そしてわたしたち日本人すべてが、真剣に考えていかなければならない難しい問題です。

図表7をご覧ください。誰かに頼るにはこの国の人口構造はいびつです。わたしは、年配者の一人一人に、自らの生活基盤と健康維持を図るという意識改革が必要だと思います。家族がいる人はまだいいけれど、結婚せずに、自分の奥さんと子供がいない人が、高齢になった時に本当に大丈夫なのでしょうか。長寿社会、高齢社会には介護の問題もついてまわります。

　高齢者マーケットは魅力があるようですが、高齢者マーケットを狙うのならば、今から一所懸命50代、60代の人たちにアピールしないといけません。彼らの食の嗜好はもうそれほど変わらないのです。高齢者の定義にも疑問があります。健康で元気に暮らしている高齢者は、高齢者と考えなくてもいいとさえ思います。

アンケート調査をすれば、高齢者の人たちは、和食がいい、あっさりしたものがいいと回答することが多いのが現状です。意識としてはそうなのでしょう。しかし、とんかつ屋を覗いてみると、いかに年配者が多いことか。ロースとんかつ定食をおいしそうに食べています（ちなみに、わたしは、少しでも健康を考え、ヒレかつにしています）。何か調査結果と符合していませんね。意識と行動は異なるとよくいわれますが、意識調査の結果は建前であり、実際はというと、違うことをしているのです。本音ですね。

◆健康長寿は楽観論？

わたしの母も、一昨年で88歳米寿の祝いに、私の家族と一緒に伊勢志摩を旅してきたのですが、帰りに松阪牛を食べに、松阪の老舗「牛銀本店」に行ってきました。母は1枚5000円もする牛ヒレ網焼きとすき焼きをおいしそうに食べてしまいました。88歳ですよ。自転車にも乗り、足も丈夫、介護認定も受けておらず、一人で朝から掃除洗濯等の家事をこなし、自転車で買い物、そしてプール、映画館、小旅行。元気です。母は、食事は全部手づくり、野菜も好きですが、おいしい牛肉やカニが大好きなのです。健康であることのすばらしさですよね。健康な年配者に、何を提供してあげればいいのでしょうか。わたしたち兄弟を育ててくれて、今も子供に迷惑もかけずに頑張ってくれています。父に先立たれて寂しかったでしょうが、感謝とともに頭が下がります。

出張で大阪に行く時に、実家の京都で泊めてもらい、翌朝一番の新幹線で東京に出勤することがありました。その時に母は、朝早く起きて、お弁当を作ってくれます。俵型のおにぎり、卵焼き、奈良漬、ソーセージ、きんぴら。懐かしい味です。ありがたいことです。健康であること、すなわち、長寿社会の光の部分です。一緒に住んでいたらまた違うでしょうけど、本当は、近くにいて話し相手になってあげられれば良いのかもしれません。わたしは、親孝行はあまりしておりません。

一方、介護の現場は陰！　暗いです。最近、特別養護老人ホームや介護施設の現場を調査したことがありました。自分が介護する立場になったらどうしよう、いや、介護される側になったらどうしよう、と心が痛くなるくらい辛いですね。介護する側の人たちを見れば、大変な仕事です。しかし、給料等の待遇面で課題が多いとか。すぐにでも国、県、市町村等、行政が主導し、公務員が中心に入り、収入のことも考慮すべきなのではないでしょうか。介護側の悩み、誰が解決するのか、わたしは深刻になってしまいました。

高齢化は結果であって、現象は「長寿化」「子供の減少」です。医療の充実、特に、薬と外科手術が、長寿化を実現しました。しかし、実際は、介護の不要な高齢者と要介護高齢者に分かれるのです。まさに光と陰ですね。

昔に比べれば当然栄養状態が良いのですが、良すぎて健康をそこねるケースも多いのではないでしょうか。味の素のCMで、「あなたは、あなたが食べたもので、できている」と言っていたのを思い出します。そして、「あなたが普段普通に暮らせるのは、あなたが毎日飲んでいるお薬のおかげ」なのだと付け加えたら、ドキッとしますね。

何を食べ、どんな生活をしてきたか。これからの高齢者の寿命には疑問があります。「ぴんぴんころり」と「ねんねんころり」、健康で元気な高齢者と寝たきり介護必要な高齢者、あなたはどちらになるでしょうか。みんな、「ねんねんころり」は避けたいと考えるのは当然です。少しでも家族に迷惑をかけないために。

これから、高齢者数そのものは増えないですが、人口が減るので、高齢者比率は上昇し、特に、男性の中高年の単身生活者が増加します。もちろん、高齢女性シングルも多いのです。大半のカテゴリーで国内マーケットは縮小しますから、国内での企業の成長は見込みにくい、さあどうしましょう。

宝探しのキー：⑤　人生最後の楽しみは、おいしいものを少しだけ食べること

「おいしいものを食べること」が楽しみなのです。毎日元気に暮らして、健康を考えた食事もするのですが、本当においしいものを少しだけ。高齢者の最後の楽しみは、食であることを忘れてはいけない。「ねんねんころり」だけは、みんな避けたいはず。目ざすは、「ぴんぴんころり」。

◆長寿社会の光と陰

次ページの**図表8**と**図表9**を見てください。これだけ見てもおばあちゃんの社会ということがわかりますね。長寿社会を別の側面から見ていることになります。

世帯という単位で見た時の日本の２０１５年の姿は、すでに、50代、60代以上の世帯が中心の国です。普通に考えれば、今はもう恐ろしい高齢社会になっているはずですよね。しかし、現代では、50代、60代はまだまだ若いのが現状です。本当に、高齢者の定義、定年の年齢を再検討すべきです。

別の角度からみると、単独世帯と夫婦のみの世帯が多いことに驚きを感じます。そして、50歳以上の世帯で、単身世帯と夫婦のみ世帯のウエイトは過半を占めています。

図表9の単身世帯の男女比をみると興味深いことが読みとれますよね。65歳以上になるとな

【図表8　世帯主年齢別世帯数と世帯構造】

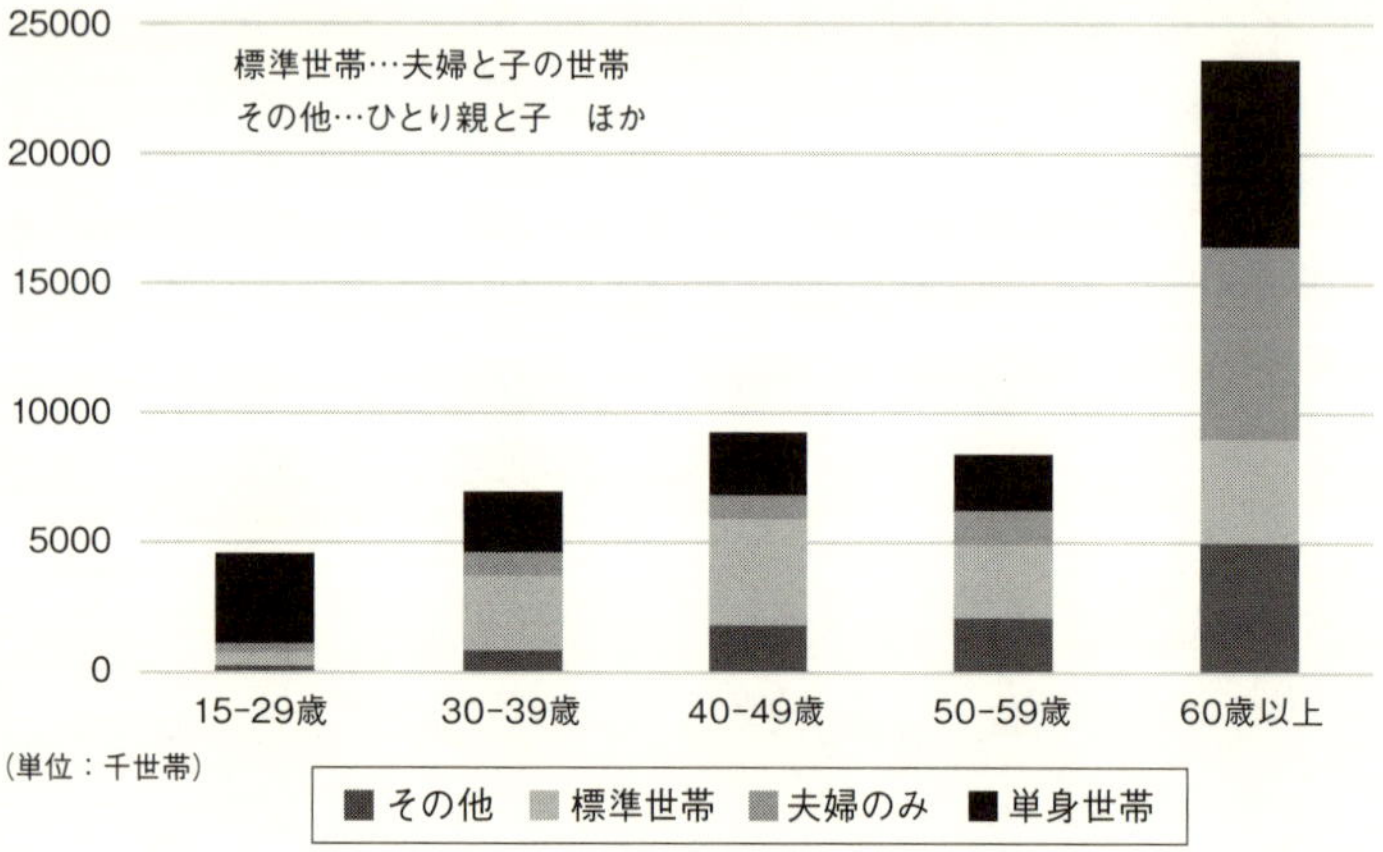

（日本の世帯数　人口問題研究所2014より著者作成）

【図表9　男女別年齢別単身世帯数】

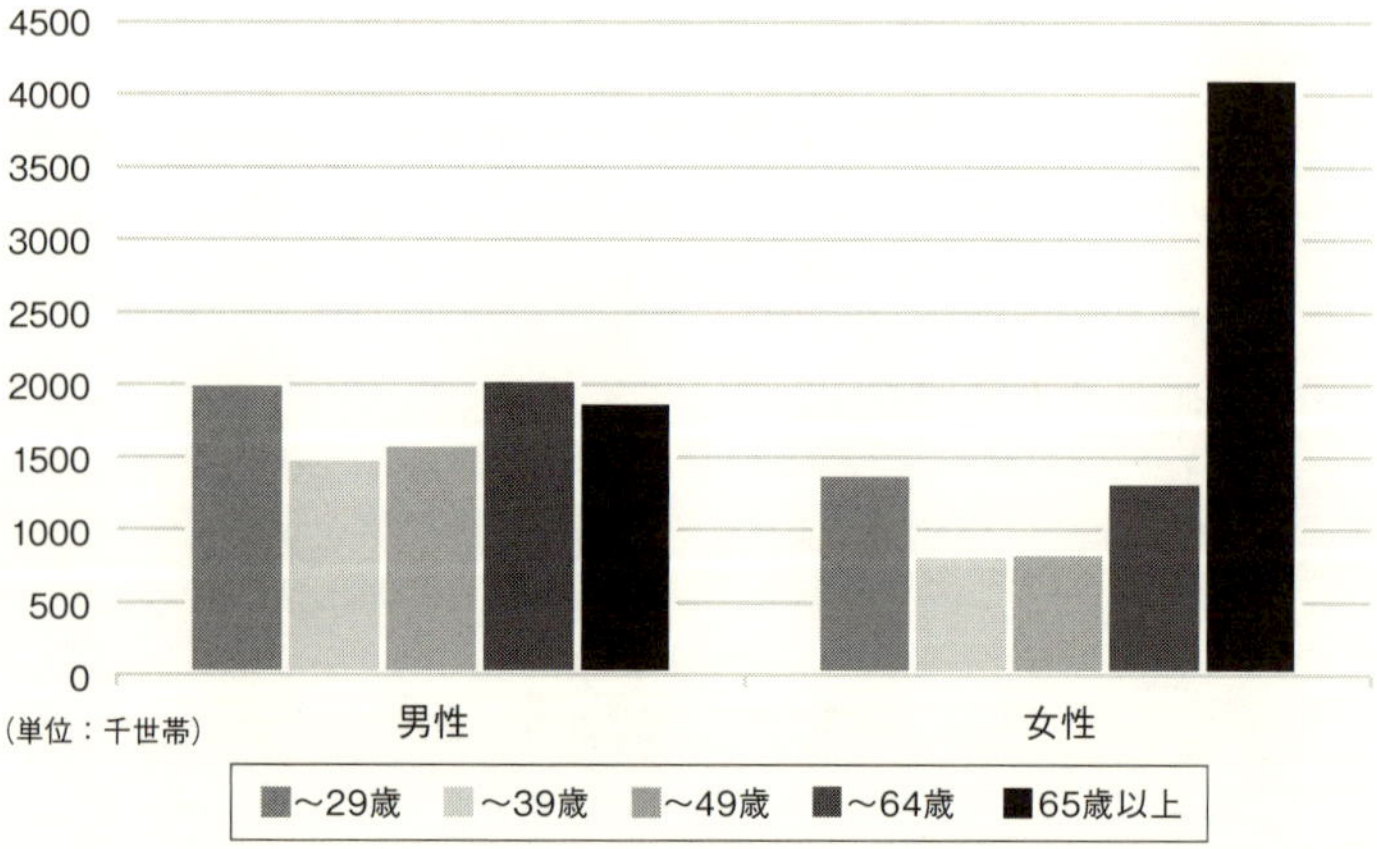

（国立社会保障人口問題研究所　将来推計2013年より著者作成）

んとシングルは、圧倒的に女性なのです。いわゆる高齢寡婦シングルなのです。女性の長生きということがここにも、データとして表出しています。しかし皆、若づくりしていますから気が付きません。

「あっ、この人40歳くらいかな」と思っても、実際は60歳くらいだったり、10歳くらいずれていたりすることがよくありますよね。このように、世帯や人口構造から食のマーケットを見直した時、人口に比例して口数が減り、当然市場はシュリンクしていきます。

したがって、ほとんどの食品メーカーは、特別なことをしない限り、日本のマーケットでは、前年実績をクリアできていないはずです。特に朝昼晩の三食の食事の部分ではクリアできません。データ面で見ても、人口は、50歳以上が過半を占め、平均寿命、一人暮らしのおばあちゃん比率の高さ、健康で活き活きしている姿を街中で見るにつけ「おばあちゃん中心社会」ということが実感として感じられます。

長寿社会には光と陰があります。長生きできるようになったのはいいのですが、ちゃんと明るく元気で過ごして、朝、静かに死んでいたら、これが子供孝行だと真面目に思うくらいです。介護ビジネスは難しい。とても商売でできるものではないと思います。こんなことで利益を考えること自体私はいやですね。調査をすればするほど強く感じます。

先日、父親の13回忌でした。わたしの母親は、父親が死んでから、いろいろと体に問題を抱えつつも元気で頑張っています。母親に聞いたのです、「元気やなあ」と。すると母親は答えました、「一人は寂しいよ、でも他人に頼らず生きているのは誇れる」と。同じ年代の人が介護を受けているからだと思いました。最近でこそ母親はすこし弱ってきましたが、プールに行き、自転車に乗り、肉が好きです。そして電話で足が痛いと言うから迎えに行き、帰りにスーパーに連れていったらスイスイと歩き回ります。おばあちゃん中心社会というのはこういうことです。とにかく、体をよく動かします。家事は、母親にとっては、一石二鳥、スポーツなのでしょう。

おばあちゃんが長生きするのに対して、男性は早死する人が多くなっているように見えます。実際、平均寿命は延びているのですが。特に、「お酒とたばこを飲み続けてきたエリートサラリーマンは、早く亡くなる人の割合が多い」とあるドクターから聞きました。ある有名企業では、平均寿命は62歳だそうです。本当かな？　そう言えば、わたしの周りを見渡しても、大酒飲みは早死にするということは、間違いないと思う事例が多くあります。

ひとつ話題として、忘れていたことがあります。お年寄りに、今の老後の生活はどうですかとインタビューで聞いたことがあります。たぶん70歳代の元気な男女だったと思います。答えは「老後とは、一人で生活できなくなってからのこと」、したがって「今は老後ではなく、たまたま72歳になっただけ」のことだと。経験しないとわからない声ですね。

宝探しのキー：⑥　家事はスポーツ　炊事はクリエイティブ

今のおばあちゃんは、毎日の家事の中で自然と体を動かし、頭を働かせてきたのでしょう。スポーツクラブに行かなくてもバランスのとれた運動をしてきたのかもしれません。ターゲットセグメンテーションは、もう年齢ではなく、その人の健康状態、仕事にかかわる能力とやる気、活力です。炊事、料理を作ることはクリエイティブ、老化防止につながります。長生きの理由かもしれませんね。

二　シングル化社会

実質上、シングル的生活をする人が増えています。

シングルと言えば、今までは、若者かおばあちゃんが中心でしたが、今やすべての世代で増えてきています。これからは、中高年の男性の一人暮らしが増えることは、確実です。

結婚したくない女性、結婚したいのにできない男性、難しいですね。現代は、女性が、一人で生きていける収入を獲得できる時代です。一方、男性は、親と住むか、コンビニ、外食産業、クリーニング屋等を利用して、一人暮らしでも困らない社会の仕組みができあがっています。

世の中、企業は、少子化対策といいつつ、一人暮らしでも困らない社会を作ってきたのではないでしょうか。

所得の面を見ると、シングル層は一部の人を除き、大半が400万円以下の低所得層（いわゆるローワーミドル層）なのです。給与は年功序列でなくなり、家族手当もなく、もしかして一生ローワーミドル層で終わるかもしれない、と多くの人が感じ始めています。

この層の特徴は、派遣社員に代表されるように低所得であるがゆえに、食にお金を使わない。いや使えない。なにかを節約しなければならない。何を節約するかと聞いたら、間違いなく食物があがります。携帯をやめましたという人は絶対いません。

一人暮らしをしているシングル男女の半分が、平日の夜は、家でごはんを食べているというデータがありました。確か、㈱ライフスケープマーケティングの「シングル食ＭＡＰ」だと思います。どこで買物をしているのでしょうか。ほとんどが実はスーパーなのです。コンビニだけではないのです。コンビニは高いと知っていて、スーパーのお弁当のコーナーへ行っている人が増えています。西友が298円のお弁当を出して当たりましたが、その298円の弁当に値引きシールが貼られるのを待っていると言うのです。このシングルの食事情、とりわけ、内食のところが膨れあがっています。2011年の大震災以降、コンビニの売場が一気に変化しました。家庭での食事を意識して品揃えを増やし、ファミリー層をターゲットにし始めています。

先日、千葉の九十九里にドライブに行った時のことです。田んぼの真ん中に、セブン‐イレブンが建っています。こんなところまでと思いましたが、車が結構止まっていて、中に入ると、お年寄りから子供たちまで、たくさんいました。不思議な光景でした。いわゆる都会型コンビニではなくて、田舎型コンビニなのだと思います。

コンビニはシングルという時代が終わり、コンビニは家族となっているのではないでしょうか。辞典を見れば、家庭（かてい、home）とは、生活を共にする夫婦・親子などの家族の成員で創られていく集まり、および家族がともに生活する場所を指すと書かれています。

◆家族はいるが家庭がない

今の社会のトレンドとして語られる「家族はいるが家庭がない」という言葉。わかりにくいかと思いますが、配偶者や子供、老親はいるが、温かな団らんのある家庭がない、もしくは、その家族と心通わせることがあまりうまくできていない家庭が多くなってきているのではということを示しているのだと、わたしは解釈しています。

家庭は、人間が形成する社会の最小単位である家族と、家族が生活の中心とする場を含んだ概念であり、主に家（家屋）と切り離すことはできませんよね。また、最近では、個人の価値観によっては、ペットを家族として扱い、生活を共有しているケースも多くなってきています。「個人が家族と生活を共有する場」で、日々の生活を共有できる人間が家族です。人間は社会的動物であり、社会に依存し、社会との関わりを持って存在していますが、その上で家庭は、関わりを持ちたいという人間の性質に求められて存在しています。単に一緒に住むだけでは不十分です。

生まれてきた子供にとっては、家庭は本来、そこに戻り、くつろぐことができ、「家にいる」と感じることのできる、安らぎをもった空間であるはずです。それが揺らいでいるのです。温かい家庭は、豊かな人生にとって、かけがえのないものです。もっと食品メーカーは、家庭の大切さ、そして、食事の大切さを働きかけるべきだと思います。

三　専業主婦は絶滅危惧種に

「少子高齢化社会」という言葉が、ずいぶん前から、政治の世界でも、ビジネスの世界でもテーマとして挙げられていますが、その本質については、意外と語られていないようにわたしは思います。もうすでに社会は「少子高齢社会」になってしまっています。少子化と高齢化は別物ですね。生まれない、死なないことが相乗的に急速に進んでしまった結果です。

つまり、少子高齢社会において、子供が少なく年寄りが多いということは結果なのです。そうではなく、その本質は何か、何故そうなったかということの背景が、宝探しに重要なファクターとして必要だと思います。特に女性の変化が重要だとわたしは思います。

女性が自立し、彼女たちの価値観が変わってしまった。家族や家庭を持つことよりも、自分の生活、仕事、自己実現が大切になったことが第一の大きな要因だと思います。そして、結婚や子育ての価値よりも、自立したり、働いたり、自分のやりたいことをしたりすることのほうに価値があると考える人たちが増えた結果、女性が働き自立できる社会となったということが第二の要因でしょう。バブル崩壊前後にその傾向が、急速に強まりました。

女性たちは結婚しない、もしくは、結婚するにしても時期を遅らせる。さらに、結婚しても子供を作らない、もしくは、作るのを遅らせる。子供を作ったとしても一人しか生まない。子供が欲しいと思っても遅い結婚年齢からなかなか子供が出来にくい。結婚しても自分中心で働くので、子供は減るのは当然の結果です。

社会なり、企業の仕組みが整ってきているため、お母さんにとって、子供がいても働ける環境ができてきたことも要因のひとつですね。子供がいて働く女性の姿はけなげですし、収入の面でやっていけないという答えが多いのですが、それだけでしょうか。自己実現とは別に、実は、「一日中子供と一緒にいたくない」「子供と一日中一緒にいれば、子供たちにやさしく接す

【図表10　専業主婦と共働き主婦の推移】

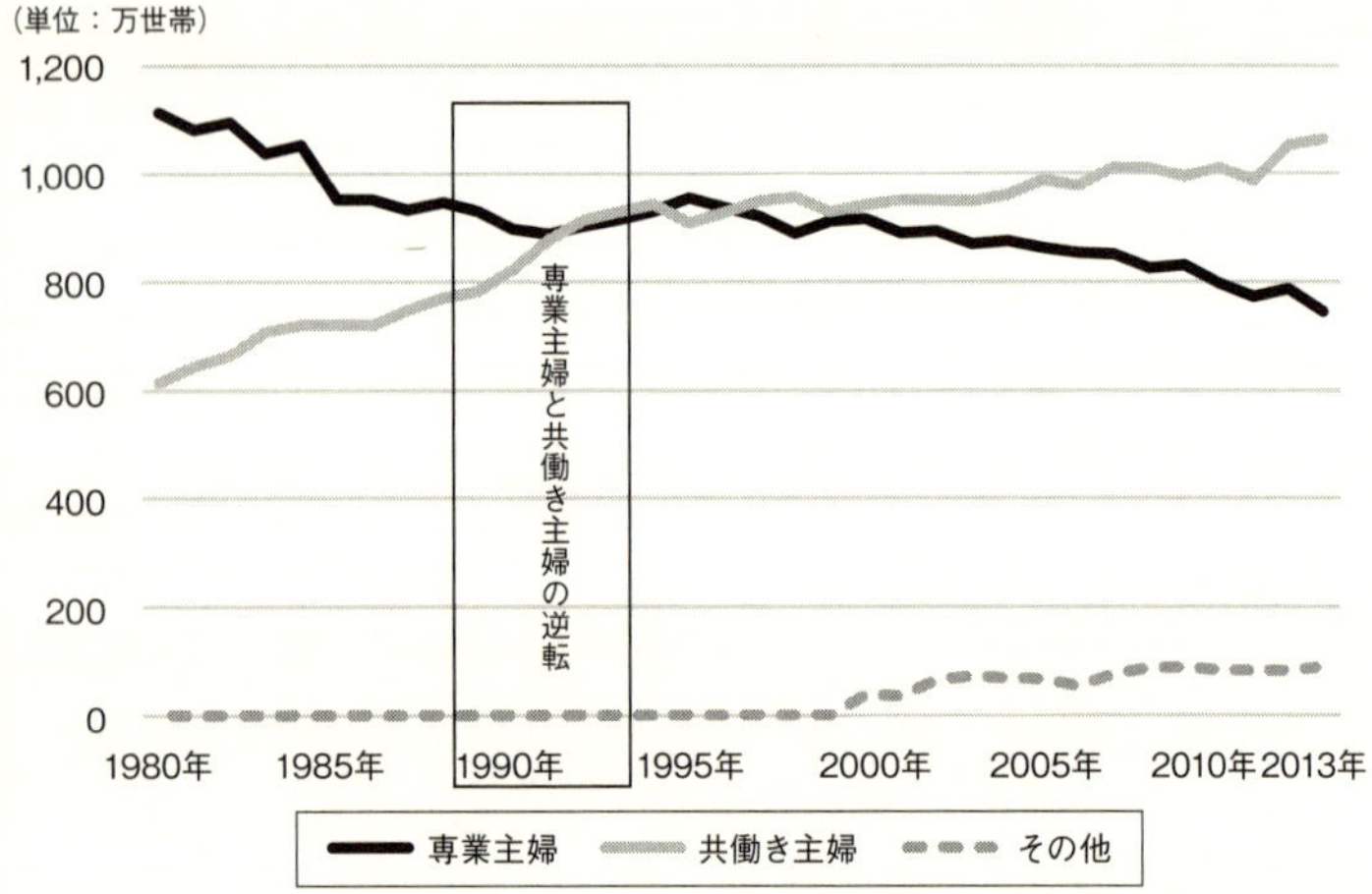

（厚生労働省「厚生労働白書」、内閣府「男女共同参画白書」（いずれも平成26年版）及び総務省「労働力調査」より著者作成）

ることができない」「自分自身の時間が作れない」ということも一面としてありますよね。

ある時点から、こうして家庭や家族像が従来とは全く違う方向に行ってしまっています。その家庭・家族の本質が読み取れないのです。分岐点はどうも1990年あたり、バブル崩壊の時期と関係がある、そのように**図表10**から、わたしは分析しています。小さな子供たちを抱えているお母さんが働くのが当たり前になった家庭、家族を、メーカーやマーケッターがうまく理解できないでいるように思います。

わたしが結婚した昭和54（1979年）年頃は、まだ結婚したら専業主婦になるというのが圧倒的に多かったです。日本では、昭和30・40年代、「専業主婦」が当たり前の時代にマーケティングリサーチが導入されており、また今の日本の経営者も、大半が奥様は専業主婦です。

したがって、現在、お母さんが働くことが当たり前の家庭を理解することはなかなか難しいと思います。まだ子供が小さい家庭では専業主婦は残存していますが、少しずつ少数派になってきています。実際は、１９９０年頃に働くお母さんが専業主婦のお母さんを逆転していました。これはだいたい20年から25年前です。また、同じ頃に女性のほうが男性よりも大卒の比率を越え、高学歴化をしました。それから離婚率も急上昇です。熟年離婚の増加といろいろと言われたのも20年くらい前です。「標準世帯（夫婦と子）の分解、変質」が起こり、価値観が変容しお母さんが働くことが当たり前、そして料理することが当たり前でないことが、若い標準世帯の姿へと変化していったのです。

◆新・専業主婦

先日、ハフィントンポストで「高学歴女子が新・専業主婦を目指す時代」という記事をみつけました。大野左紀子さんのブログからの転載でしたので、元のブログをご紹介します(d.hatena.ne.jp/ohnosakiko/20140306/)。

かつて斎藤美奈子は『モダンガール論』の中でこう言った。「女の子には出世の道が二つある。立派な職業人になることと、立派な家庭人になること。職業的な達成（労働市場で自分を高く売ること）と家庭的な幸福（結婚市場で自分を高く売ること）は、女性の場合、どっちも「出世」なのである」。

「立派な職業人」とは古い言葉で言えばキャリアウーマン、「立派な家庭人」とはここでは、上昇婚で果たされるセレブな専業主婦を指す。この本が出たのは2000年。今でもこの命題は有効なのだろうか。

少なくとも高学歴女子に関しては、まず何をおいても「立派な職業人」になり「職業的達成」を果たすのが生きる道だという認識が持たれてきた。高い学歴の中で身につけた専門知識と技術を武器にキャリアアップし、結婚しても仕事をやめず家事・子育ては夫と完全分担。実現できるのはごく一部の人だとしても、結婚を志向する高学歴女子の目指すべき「理想」のライフスタイルは、こうしたスーパーウーマン的兼業主婦だった。

しかし最近、どんなにやりがいのある高い報酬の仕事に就き、夫が家事育児を分担してくれていても、「こんなに頑張ってどうするの。お金はそこそこでいいから精神的にゆとりのある生活をしたい」「もっと子供との時間がほしい」と思い始め、築いたキャリアを捨てて家庭に入る女性が少しずつ増えてきたという。

これは去年の海外（ニューヨーク・マガジンの連載記事）のニュースだが、紹介されていたのは「修士号を持ち、やりがいのある仕事に就いていた」女性で、「夫が出張の多い職場に異動になった」のをきっかけに、専業主婦になる決意をする。子供の問題やスケジュール調整に関する夫婦間のイライラが、彼女の選択を後押ししたという。

「私たちの世代は、女性も働くものだと教わって育ったので、働かない女性は時代に逆行しているように扱われてしまう。でも、なぜ私たちは女性らしく生きてはいけないの？女性らしさを保ちながら男性のように生きるなんてことを、なぜしなければいけないの？」と、自分の選択について説明している。「女性らしく生きる」とは家庭に入ることを指す。

妻の収入が夫より低ければもちろんのこと、夫婦の収入が同じくらいでもどちらかが仕事を辞めた方がいいとなった場合、妻が辞めるケースが圧倒的に多いだろう。妻が一家の大黒柱くらいでないと、夫が辞めることにはなりにくい。

それをフェミニズムは「せっかく築いたキャリアを捨てざるを得ないのは女のほう。再就職したとしても生涯賃金が大きく違ってくる。これはジェンダー規範に覆われた社会のせい」として問題視してきた。実際そのことで残念な思いをした高学歴の既婚女性も、少なくなかった。

そういう「歴史」があるから、高学歴でおそらくフェミニズム的な教育もしっかり受けているだろう先の女性も、(仕事を辞めたことを)「なぜ〜いけないの?」と妙に大上段の構えで問うているのだろう。けれども、その選択により「ハッピー」になった彼女の実感はたぶん「専業主婦になれてラッキー!」だ。そもそも今、家族四人を楽に食べさせていくだけの経済力をもつ男性は、アメリカでも少数派。そういう家庭に専業で収まり、子育てに専念できるのはかなり恵まれている人、ということにもなるのだから。

「立派な職業人」か「立派な家庭人」か、ではなく、一旦なった「立派な職業人」の立場を捨てて「立派な家庭人」へ。

それにつけても専業主婦という言葉、何か変ですね。

宝探しのキー:⑦　社会で地域で活躍する新・専業主婦

女性が働くことがあたりまえの社会の中で、子供をたくさん作り、しっかりと育てることで、社会に貢献する。また地域活動ボランティアのリーダーとして活躍する立派な家庭人(新・専業主婦)も社会には必要だとわたしは思います。だからこそ、家族をつなぐのは、やはり食卓。一家の団らんであり、そこでお母さんが作ってくれた料理が、どれほど大切なものか。みなさんもおわかりではないでしょうか。

四　ペットの数が子供人口を上回る社会とは

日本は、明らかに「少産・多死」化の「人口減少社会」です。人が減ればマーケットは縮小します。口数の減少、そして、先ほどから述べてきました、高齢者増加による「50歳以上が中心（6割）の社会」、特に60歳以上の増加は顕著です。高齢化は、一人当たりの食べる量の減少につながり、食マーケットにとって大きなインパクトです。

しかし、こうした変化は毎年少しずつです。だから、前年比で考え、業績を評価している企業、うすうすわかっていながらも、小手先の対応でごまかしている企業にとっては、いつか致命傷になるかもしれませんね。

その一方で、ペットが家族として家庭内で暮らしています。ひょっとすると誰もいない家に、家族が帰ってくるのを待っているのは、お母さんではなくて、ペットではないですか。ここにも宝がありそうです。

我が家も、5年前までは、柴犬ポチ君を飼っていました。玄関で暮らしていました。もちろん家の外で門番として、15年間生きました。元気で頭がいい犬でしたが、なかなか強情な子でした。３人の子供たちの成長とともに、年齢を重ねていきました。病気になったとき、手術代金が20万円以上かかるといわれましたが、迷うことはなかったです（汗）。は、うそですね。迷いました。しかし、彼（ポチ君）の苦しそうな姿を見ていると、直してやりたいと心から思いました。その時、動物病院で健康保険証を出してしまいました（笑）。

亡くなった時は、家族みんなで泣きました。もっと何かしてやれたのではないかと。癌でした。手術後半年程度は、元気に暮らしましたが、食事を食べなくなって3日後亡くなりました。フルーチェが大好物でした。今は、動物霊園の集団墓地で眠っています。お彼岸には塔婆を立ててお参りに行っています。本当に家族ですよね。

今は、ダックスフントのクーちゃん（女の子）が、我が家の一員になりました。今度は、家の中で暮らしています。食事を一緒にするので、居食をともにする家族の一員です。そして、喜ぶ、すねる、怒る、怖がる、本当に感情がわかるのです。そして、食べ物が、つながりを決めますよね。

日本の15歳以下の子供の人口は、１６８０万人、家庭にいるペットの数は、２２００万匹、これは大変な数字です。子供がいなくなった夫婦、また、一人で暮らしている老若男女等に可愛がられているペット。明らかに家族と同等の役割を担っているペットのいかに多いことか。飼っている人たちにとっては、文句を言わないかわいい家族の一員であり、家族の和をつなぐ大切な役割を担っています。ペットと家族が一緒に食べられる食も、冗談ではなく宝の鉱脈が眠っているかもしれませんね。

子供の人口が、社会の活力であり、多くの企業にとって、成長のエンジンであることは間違いがありません。子供を増やす施策は、国の施策から、企業の福利厚生、女性に対する就業規則など大変難しい問題です。この解決には、もっと子供たちや若者に効果的に語りかけていくことが求められますね。短絡的な手当でごまかしていては対応できないように思います。

◆2012年6月12日のチャイナネットの記事から（japanese.china.org.cn/）

日本の出生率の急低下は大きな問題になっている。それにもかかわらず、母親になるよりペットを飼いたいと思っている女性は多い。公式データによると、ペットの数は2200万に上るが、15歳以下の子供の数はわずか1660万人である。出生率が大幅に低下し、平均寿命が伸び続けると同時に、日本はペット超大国となっている。イギリス紙「ガーディアン」が伝えた。

東京郊外のワンルームマンションで、Aさんは3・4キログラムの「コータロー」という名前のミニチュアダックスフントを飼っている。Aさんはカメラマンで、子供がとても好きだったが、フリーライターのパートナーは仕事を続けることを望んだ。「日本で女性が子供を育てながら働くことは非常に難しいため、彼女は子供を生まないという選択をした。これが私たちが犬を飼い始めた理由だ。東京の生活費、高い税金、給料が20年経ってもなかなか上がらないことを考えた上でのこと」と、Aさんは語った。

不景気だが、多くの人は写真やマッサージ、ペットに喜んでお金を使っている。日本の合計特殊出生率（1人の女性が生涯に産む子どもの数）は1・39で、人口を安定的に維持するために必要な水準を大幅に下回っている。実際、日本は「一人っ子政策」を進んで実行している。政府は、現在の状態が続けば、人口は現在の1億2800万人から100年後には4300万人に減少すると予測している。

日本では、25歳から29歳の女性の60％が独身で、未婚女性の70％に交際相手がいない。結婚は子供を作る前提であり、未婚者の子供はわずか2％となっている。

Aさんは、「政府は若い夫婦の出産を奨励するため、子ども手当などの政策を打ち出したが、多くの措置に一貫性がなく、政局の変化の影響を受けやすい。日本は世界一の長寿国であるうえに出生率が低下しており、年金という時限爆弾が常に爆発する可能性があることを意味している」と話した。

日本はこれまでに産休の導入、子供手当の上乗せ、託児施設の提供などの措置を行ってきましたが、人口減少を食い止められなかったことは確かです。ペットと子供、これからどう変化するのか不透明です。ただ、子供が少ない社会に、景気回復と社会的な活力も発展も、期待できません。政策で一時的によくなったとしても結局、社会的な活力が低下していくことは確実であると、わたしは思います。

宝探しのキー：⑧　**ペットと人間が一緒に食べられる食品**

ちょっと無茶かなとも思いましたが、人間にとってとても健康的な食品になるのではないでしょうか。今のペットの家庭での位置づけと自分がダックスフントのクーちゃんと暮らしてみて、可能性が高いように感じました。ペットという呼び名そのものがよくないかもしれません。今、日本の家庭で暮らす動物たちは、家族です。

五　健康こそが生きる目的

わたしが、まだ40歳代の若いマーケッターの頃のことです。亡くなられた㈱ガウス生活心理研究所の油谷遵先生がおっしゃっていたことを思い出します。「21世紀に入ると、間違いなく高齢者にとっては、健康が生きる目的になるよ」と。

その当時はなかなか理解できなくて、確かに、健康志向は、シニア層を中心に高まりを見せていました。これだけ豊かで安全で安心して暮らせる恵まれた国、寿命も世界一の日本で、健康で毎日を過ごせるということは、大変な魅力です。

しかし、ほとんどの人は、健康については、未充足ニーズなのですよね。何故なら、人間ドックが浸透したこともあり、今まで気にしなかったことまで気にするようになったからです。コレステロール、中性脂肪、血圧、血糖値、γ-GTP、脂肪肝、尿酸値等々、これが基準を越えただけで、多くの人々が気にするようになり始めたからです。まるで人間ドックは、急いで多くの人を半病人として量産化するかのように思われた時期がありました。今もそうですね。製薬会社、医師会の陰謀かもと思っちゃいますね。

老化と病気は、どう違うのでしょうか。特に生活習慣病は、その線引きが難しいようにわたしは思います。見方を変えれば、老化であって病気ではないかもしれないと。確かにこれらの数値を基準内に留めておくことは、健康を維持していく上で大切であるのは当然です。でも、ちょっと過敏になっているように思います。

もちろん、新薬のおかげで、高血圧、動脈硬化、糖尿病、痛風の悪化を遅らせることができ、日本人の寿命に大きな影響を与えていることは確かです。それに加え、規則正しい毎日、適度な有酸素運動、散歩、そして、栄養バランスのとれた食事を実践すると、健康が勝ち取れるのかもしれません（遺伝的要素もありますね。）。

結果、元気な高齢者が増え、長寿化が進んでいくと油谷先生は、おっしゃっていました。「長生きすることが目的ではなくて、今、健康であることが目的である。」このことが、宝を探しだすヒントになると。最近では、日常生活の中にも「免疫」という言葉をよく見かけるようになりましたね。癌と免疫の関係について、よく論じられるケースもよく見かけるようになりました。癌は不治の病ではなく治せるのだと。

◆健康をまもるのは誰の役割？

話は変わりますが、先日ドラッグストアで、本当にびっくりするシーンに遭遇しました。あるアラフォー世代かと思われる感じのいい奥様風の女性が、カゴの中に78円のレトルトカレーとスパソースを2つ入れ、つぎに、3500円の缶入りコラーゲンパウダーを入れたのです。

この方の価値観は分かりますか？　78円は一体何なのでしょうか。朝昼晩の食事はものすごくコストが押さえられながらも、健康や美容にはものすごく費用をかけているということでしょうか。このギャップが食品メーカーを苦しめているのだと思います。

日本の高度成長以降、発売され定着してきた加工食品は、本来は付加価値があったものが、製品の市場価値が低下し、一般的なありふれた製品になっていく、コモディティ化が進行してしまいました。食品業界でこれからどう対応するのか非常に重要になってきています。食品の分野でも、イノベーションがないと、また、健康で生きることに貢献しないと、お客様からおカネをいただけなくなってきているということです。

毎日の食事にはお金をかけないが、健康、美容にはお金をかけるのです。だから、健康に貢献する食事にはお金をかけるのです。したがって、特定保健用食品が注目されるのです。なんと言っても、効果効能表示ができるのですから。

２０１５年からは、トクホでなくても、メーカーの責任において、エビデンスを明確にして、そのデータを国に報告すれば「機能性表示食品」として効能表示できるようになりました。何か変ですね。お役所仕事ですね。

トクホとの線引きがあいまいになりますね。プロはわかっても、消費者は区別できないでしょうね。こんにゃくにも砂糖にも、塩にも油にも、機能性がありますよね。わたしは、食品に機能性表示は不要だと思っています。そんな小手先の施策よりも、「体育」が教科としてあるように「食育」を小学校から教えることで、もっと自らが、一人ひとりが、よりおいしく、より健康な食生活が送れる能力を、子供たちに身につけさせるべきです。

食品メーカーの役割ってなんでしょうか。楽しい家庭での食事をサポートすべきです。お母さんだけではないかもしれない、家庭で料理を作ることとは、結果として、家庭の団らんと家族の健康を守ることになるのだと思います。食品メーカーは、そのことをしっかりと伝えることが大切だと思います。

スーパーやコンビニで売っているお弁当やお惣菜だけで生きていくことが、今後もますます拡大するのでしょうか、何か変ではないですか。確かに、コンビニの弁当、おにぎり、サンドイッチもおいしくなりましたが。家庭の食生活の提案をコンビニに任せるのでしょうか

宝探しのキー：⑨　**おいしさと健康の要素を合わせもつこと、「健康調味料」**

基本は、家庭で料理を作ることが「家族の団らんと健康」を守ることになります。したがって、どんなタイプの加工食品も、超高齢化の世の中では、基本的には、無添加で、減塩減糖、低脂肪低カロリーの配慮が必要に応じてされていて、おいしさとともに、何らかの健康に貢献することが基本条件です

糖や油が悪者ではないのです。取りすぎが問題であり、運動不足が問題なのです。マーケットは、健康にいい糖、健康にいい油、塩、調味料という方向へ変化しつつあります。食べることとは、暮らし方とセットで考えることですね。

六　飽食下の栄養失調、豊かさの中の心の変調

日本は、食物があまりにも豊かです。そのために、日本人全体が食物に無頓着になってきているように思います。健康不安がある年配層は、それほどではないのですが、若者層その多くは、食にお金がかけられない現実があり、女性層で進むダイエット志向は、異常と思える高まりをみせています。痩せている人ほどその傾向は顕著なように思われます。このままでは、本当に健康な赤ちゃんを産めるのか、深刻な課題になりつつあるようです。ある産婦人科の先生は、「最近生まれてくる新生児の体重は、２０００g台（３０００g未満）が多くなっている、これは母体に栄養が少ないためである」と言っていました。

人の肥満度をあらわす体格指数ＢＭＩ値でみると（ＢＭＩ値については第5章の五を参照）、男性は、戦後一貫して増え続けています。特に年齢が上がるにつれて上がっていく傾向が顕著であり、これが生活習慣病の増加の背景にあります。

一方、女性のＢＭＩ値は、トータルでは、戦後一貫して減少傾向にあり、特に若い女性層20代はもともと低いのですが、30代、40代が減少傾向にあります。しかし、逆に50代以降の女性は、ＢＭＩ値が上昇しているのも特徴的です。

テレビCMで言っていた「あなたは、あなたが食べたもので、できている」というコピー、（このような表現はこのCMよりずっと前から言われていましたが）あらためて奥が深いと感じますね。あなたの健康と美容は、あなたの日頃の食生活、生まれてから今までの食生活が決めているのです。ここに宝が眠っていますよね。わたしは、若い世代のこれからの健康に注目すべきだと思います。

比較的若い世代で、男性のメタボ化、女性のスリム化が進んでいます。男性は今すべての世代でメタボ化、子供から老人まですべての年代です。女性は戦後ずっとスリム化しています。調査して分かったのですが、細い女性ほどダイエットしたいと言うのです。女性のスリム化が起こっているのは20、30、40代で、おもしろいことに、おばあちゃんは太ってきているのです。これが今の日本の構造です。

また、精神障害者数が激増していることも、重要課題です。豊かさの中の心の変調です。精神疾患により医療機関にかかっている患者数は、近年大幅に増加しており、平成23年は320万人と、依然300万人を超えています。内訳としては、多いものから、うつ病、統合失調症、不安障害、認知症などとなっており、近年においては、うつ病や認知症の著しい増加がみられます。

心の病気は、なかなか見分けにくく、そして、本人も知らず知らずに重症化していくそうで

【図表11　精神疾患の患者数の推移】

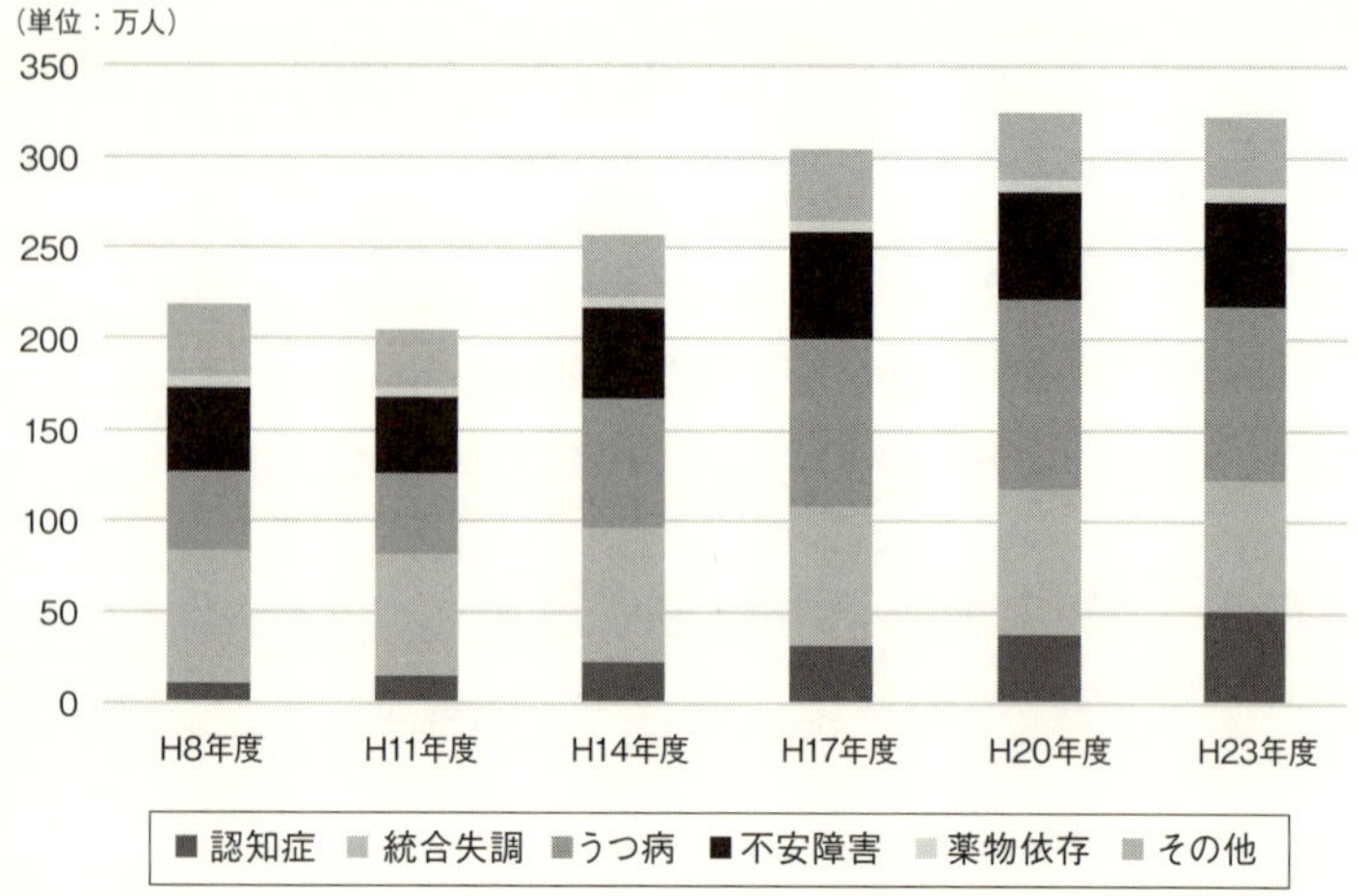

（厚生労働省　患者調査より著者作成）

す。家族、友人知人、会社のパートナー等、この点には十分な注意が必要なのです。

宝探しのキー：⑩　心への対応―癒し、和み、やすらぎ

モノの豊かさの中で、人々の心に変調が起きています。モノ、コトからココロの時代に、企業として何ができるのか。食で考えれば、家族揃った温かい食卓を演出すること。人と人のつながりをどのように維持していくのかを考えることが必要です。癒し商品、なごみ商品、やすらぎ商品とは、どんなもののことでしょうか。

七　画一化する日本の日常食と食の低関与者の増加

日本は、第二次世界大戦後、やっとなんとか食べられた時代を経て、高度成長期には、おいしいものが安く、簡単に、たくさん食べられるようになりました。その後のバブル期の、世界のあらゆるおいしいもの（グルメ）を堪能した時代を経て、本格的な飽食の時代になりました。バブル期に既に飽食の時代と呼ばれたことがありましたが、それは高額なグルメに対してでした。世界各地のB級グルメまでも含めた現在のあふれる食は、その比ではないですね。

しかし、現代は、食そのものに関心を失った人が徐々に増えてきているように思います。言い方を換えると「貪食（むさぼり食うこと）と食欲不振」が共存する時代。これは、仮説です。食という人間の本質的な欲求について、「飽きてしまう」という行動は、日本人の存在意義を脅かすことでもあり、食品メーカーとしては、今後の家庭における食のあり方を提案していく上で、大切な仮説です。

「朝昼晩三食」の概念は崩壊し、欠食と同時に間食中心の多様な食スタイル。とりわけ20代、30代男性を中心に朝ごはんは欠食し、食べたいときに食べるというスタイルが浸透。若い女性は痩せ、おばあさんは太る、です。

【図表12　仮説：食に関する低関与者】

これまでの［食の欲求5段階］	低関与者の［食の欲求5段階］
世界中のおいしいものを食べたい	今あるもので十分
おいしい料理で認められたい	普通の食事はすぐ手に入る
みんなで楽しく食べたい	ひとりの方が落ち着く
食べて健康になりたい	普通に食べられれば良い
お腹が空いた	お腹が空かない

（著者作成）

図表12は、食に関する低関与者の仮説です。

食事には不満なく、今あるもので十分で、あまりお腹が空かないので、普通に食べられればよい。「大勢と一緒に食べるよりも、一人のほうが落ち着く」と考える人が若い世代で増えているのです。これまでの食の欲求は、「おいしいものが食べたいし、みんなで楽しく食事し、よく食べて健康になりたい」だったはずです。今は「食欲がないかと思えば、ばか食いする」と言った若者が増えているように思われます。

先のシングル生活とも関連しますが、食に対する関心の低下、欲求の低下は、大変大きな課題であり、今のこの食の関与者の欲求に応えているのは、セブン、ローソン、ファミマ、マクドナルド、吉野家、すき家、なか卯、スターバックス等いわゆる、コンビニとファストフードではないでしょうか。

東京でタクシーに乗りながら、街を眺めていると、コンビニとファストフードの店ばかりが目に付きます。何か画一化されたものが、社会を埋め尽くしているような、東京の中でひときわ目立つ存在です。この豊かな社会で、多くの人は、気が付けば、チェーンのコンビニ、レストラン、ファストフードで同じものばかりを食べている。果たしてそれでいいのか。日本は豊かである一面、おそろしく画一化の方向に進んでいるように思います。

食品メーカーは、食事を作ることの大切さ、楽しく食べることの大切さを訴求していくことが必要な時代になってきているとわたしは、考えます。時短、簡単、手間いらず、ではなく、本当に必要なことは、家庭で家族が食卓を囲んで、笑顔で食べるシーンを演出することであってほしい。わたしも年を取りましたかな。

「簡単でおいしいけど味気ない」より「お母さんが少し手間をかけてくれて普通のおいしさだけど温かい」方がいいとは、思いませんか。お母さんの手料理は飽きないのですよ。

八　寂しい家庭の食卓から楽しい家庭の食卓へ

家庭を調査していて、なかなか楽しそうなイメージが浮かび上がってこないのが、最近の状況です。お母さんが働くことが当たり前で、お父さんは残業で帰りが遅く、子供たちは部活や塾に忙しくて、楽しい食卓が見えてきません。こんな家庭になって、どのくらい経ったのでしょうか。一人ひとりの家族の食べる時間と場所のズレが、その背景にあります。本当にバラバラなのでしょうか。

「子供たちの栄養バランスを支えているのは学校給食なのだ」ある栄養士さんから聞きました。戦後の栄養不足だった時代に学校給食は、子供たちの栄養を支えてきました。飽食の時代を迎えた現在でも、子供たちの栄養バランスを支えているのは学校給食なのだそうです。

子供たちは、一人でいるとあまり食べませんが、たくさんの人と一緒にいるとたくさん食べます。それは何故か？　楽しいからです。家庭での食事は楽しくない子供たちが多いのではないでしょうか。お母さんは、何故料理を作るのか。それは子供たちがいて、家族団らんで楽しいから。だから、毎日毎日のことでも耐えられるのです。今、食に関心のない若者は、子供の頃から食事が、楽しい場面ではなかったのかもしれませんね。

メーカーは、モノを売っていてはだめですよね。近頃のコマーシャルには、家族でおいしく食べているシーンを訴えているものが目立ちますね。今一度、家庭における楽しさを考え直すところに、宝が眠っているように思います。家庭料理はファンタジー？　などと言わせないでほしいですね。お母さんが生き生きと食事の準備をし、お父さんと子供たちが、いつも一緒に食事しながら、笑い声が絶えない家。そんなことは、なかなか難しい社会になってしまったのでしょうか。

大震災の後に、家族の大切さ、料理を作ることの大切さが見直され、ひょっとすると健康を大切に考えるトレンドとの相乗効果で、手づくり復権の可能性があるのではないかと思いましたが？　…喉元過ぎればなんとやら！ですね。

家庭料理の中で、特に、楽しい食卓から寂しい食卓に、シーンが変化した料理があります。カレーライスです。カレーは、高度成長期、家族団らんの休日に、カレーとサラダを家族みんなで楽しむメニューだったもの。しかし今では、お母さん不在の日の夕食に、一人で寂しくカレーをレンジで温めて食べるメニューに変身してしまいました。家族バラバラで食べる寂しい家庭の食卓を支援しているメニューとなって生き残っているメニューです。だから生き延びたともいえるのですが。きらいな人は少ないですが。

将来、高齢社会では、健康と団らんを演出し、家族が一緒に家庭で「おいしい予防食」「おいしい病態食」が食べられるような時代が、やってくればいいですね。家族団らん、楽しそうなシーンが実現されればいいですね。

宝探しのキー：⑪　家族みんなでたのしくおいしく予防食、病態食

高齢者や病気をしている本人も、家族と一緒に同じものを食べたいのです。人生の中

【図表13　生活スタイルの多様化による食べる時間のズレ】

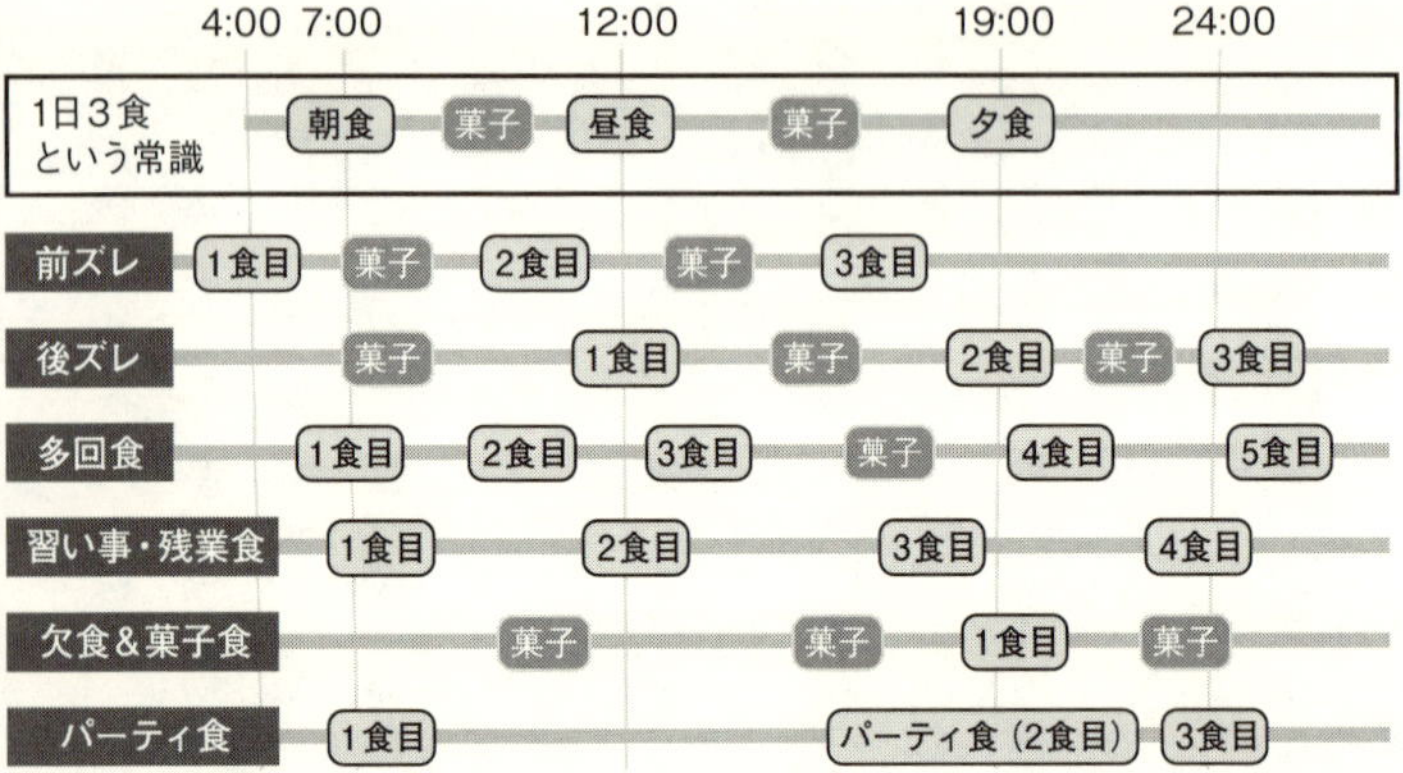

（著者作成）

で最後まで残るニーズは、「おいしいものを食べたい」だとわたしは思います。予防食、病態食でおいしく誰でも食べられるものを作るのは、メーカーのこれからの使命になるでしょう。

図表13について、少し説明をしたいと思います。朝昼晩の三食パターンの崩壊と時間帯のズレがテーマです。

日本は、高度なサービス社会です。お客様のために朝早くから、働いている人も多く存在しますし、高齢者が増えたこともあり早起きの人が増えています。たくさんの「前ズレ」の人たちが存在します。朝早くにウォーキングやジョギングをしている人も本当に多くなりました。当然ですがこの人たちは早寝になりますよね。

「後ズレ」は、特に都会のサラーリーマン層に多くなっています。特徴は、夕食が夜10時、11時、もう深夜食ですね。だから朝欠食になります。当然です。深夜に食べて朝は食べないのではなくて、実は食べられないのではないでしょうか。よく、わたしは、朝食べませんと言っている人がいますが、食べないのではなくて食べられない、いや、食べなくて済む、すなわち、お腹が空いていないか、食べるとむかつくのではないでしょうか。だから、生活パターンが変わってしまっているのに、朝食キャンペーン、それも食べていない人に朝食を食べさせようとすることは、所詮無理なのだと思いますよ。朝食キャンペーンは、今、朝をしっかり食べている人に選択肢を増やしただけになるように思いますが、いかがでしょうか。

次に三食パターンの崩壊のひとつ、「多回食」です。特に、男女とも若者に多いです。一人で暮らしていることも影響しているかもしれませんね、完全にいわゆる三食が崩壊してしまっているパターンの一つ。お腹が空いたときが食べどき、だから気が付いたら何回も食べているタイプ。したがって場面によって、お菓子ですませたり、ガッツリ食べたり、三食規則正しくバランスよくなんて、ほど遠いことです。

「習いごと、残業食」は、生活パターン、仕事の都合で、どうしても四食になるタイプ。このケースは、生活のリズムですから、常態化します。だから食べ過ぎ、カロリーのとり過ぎが課題かもしれません。

「欠食・菓子食」は、逆に食が細く関心がないのです。食欲がない、ダイエットしている。

体が心配ですよね、若いからなんとか、体を維持していますが、加齢とともにどうなっていくのでしょうか。

近年流行している「パーティ食」も注目されますね。ポットラック（potluck）とは、あり合わせの料理のことですが、日本でポットラックパーティが増えているということです。メンバーそれぞれが一品持ち寄って食べる、気軽にどこかの家庭で行うパーティ形式を指します。アメリカなどでは、ホストに負担がかかりすぎないスタイルとして一般的ですが、最近日本でもよく実施されているようです。たとえば、小さな子供を持つお母さんの集まり。熟年のお酒好きな人たちの一品持ちより宴会等。家族が少なく食が楽しくないからではないでしょうか。一人で、家で食べる食事ほど味気ないものはないですからね。小さい子供を遊ばせておいて、お母さんは、世間話に花が咲くということでしょうか。強いニーズがあります。

もうひとつは、食べる場所のことです、家庭の食卓で食べるという常識があったのは、いつまでなのでしょうか。最近では、「テレビ前食」「パソコン食」自分の部屋で食べる「引きこもり食」。そして家庭の外では、「席朝食」「休み時間食」「デスク食」「隠れ家食（一人でないと食べられない）」「車内食」「コンビニ前食」「歩きながらのモバイル食」……

あげたらきりがないくらい、いつでもどこでもなんでも比較的安価で食べられるという豊かな環境になりました。

たいしたものを食べていないのに食への満足度が高い、これは、各種データからも発見されており、結局、食への関心が低い人たちが増えてきていることを物語っています。このように、ちょっと観察するだけでも、お宝につながるキーワードが出てきますね。

宝探しのキー：⑫　**コブクロ携帯食　小容量**

いつでもどこでもどんな場面でも、手軽に小腹を満たせる食品。手軽に喉の渇きをいやすために飲み干せる飲料。キーは、「コブクロ」「小容量、一回で食べてしまえる、飲み干せる」「栄養バランスと適正カロリー」「おいしさと味と食感のバラエティ」が必要。

九　母と子の絆は、手づくり料理

何故、お母さんは、料理を作るのか。簡単、手抜き、時短、メニュー専用調味料、惣菜、弁当等、家庭での食生活にかかわるいろいろな角度から話題が提供されていますが、今は、家庭で料理を手づくりしなくても食べていける社会的な環境がそろっています。出来合い惣菜だけでなく、お弁当なら、コンビニ、スーパー、百貨店だけでなく、あらゆる業態で提供を始めましたし、冷凍、チルド食品を始めとしてすぐに食べられる加工食品も、いろいろな品揃えがあります。本当に便利です。

ここで考えてほしいのですが、何故、お母さんは、今まで料理を作ってきたのでしょうか。先ほどの家族やペットの話題でもありましたように、子供たちや家族のために作ってきたのです。当然、お金のこともありますか、普通のお母さんであれば、子供のために、夫のために、料理を作ってきたのです。これが、家庭の中心で家族の和を作りあげる最も大切なことだからです。

調査結果から明らかな点は、お母さんは、子供が大きくなり家庭を離れると徐々に料理をしなくなります。夫婦仲がいいとお母さんは料理を作ります。家族一人ひとりにとって、また、家庭にとって、いかに食が大切な役割を果たしているかは、議論の余地がありません。「料理を作る大切さ」には、やっぱり大きな宝が眠っています。

出来合いや弁当だけになったらいかに寂しい世界になるか。食品メーカーの使命は何かですよね。健康のためにも、美容のためにも、家族の健やかな暮らしと子供たちの健全な成長のためにも、お母さんが料理を作ることは、本当に大切なことなのです。今はもう、お母さんだけではなく、お父さんもですね。

動物の世界では、当然親です。食べ物をくれるのは親でありお母さんです。人間も同じです。作ることができなければ、せめて、食卓をともにすることぐらいは、最低限の子育てではないでしょうか。そうは思いませんか？

お母さんの手づくり料理を知らないまま育った子供たちは、どのような大人になるのでしょうか。

宝探しのキー：⑬　お母さんが料理を作れば家族が家に帰ってくる

家庭で料理を作る大切さは、子供を育てるという大きな役割だけでなく、家族の団らん、健康と幸せをはぐくみ、明るく楽しい家庭生活を約束します。みんなが家に帰ってくるのです。楽しさと幸せを求めて。

十　多様化する売場～お客様は知っている～

アベノミクスとやらで、デフレは、落ち着いてきました。安全防衛、健康防衛、生活防衛の意識が高まり、ＮＢ（ナショナルブランド）がＰＢ（プライベートブランド）より安く売られる時代だからこそ、ブランドが大切になります。プレミアムと銘打った商品が増えています。どこがプレミアムなのか。キーワードは低価格高品質です。

ＮＢとＰＢについては、次項で再度とりあげますが、ここで言いたいのは、お客様はよく知っているということ。NBは安くすると売れますが、PBを安くしてもあまり売れません。しかし、PBの品質向上は目覚ましい。大手メーカーが供給しているものが多いからですね。PBが品揃えを増やしていますが、本来なら、NBメーカーが開発を急ぐべき状況でしょう。しかし、今の巨大流通は、メーカーの力を弱める方向へ舵を切っていないでしょうか？

食品の購入場所がものすごく変化しています。若い人ほど、ネットショップ、100円ショップ、ドラッグストア、ホームセンターをよく利用します。この前知ったのですが、100円ショップというのは、よそで100円より安く売っているものでも100円で売れるということがあるそうです。しかし、いつまでも続きませんよね。スーパーやドラッグストアで100円以下の商品は100円ショップでは売らなくなります。わかっていても、ついでに買ってくれる人もいるのでしょうが。お客様の囲い込みには、いろいろなノウハウがあるようです。

少し話は変わりますが、お客様の意外な購買行動の事例を紹介します。過去に「こんにゃく畑」の製造中止があり、テレビにも取り上げられました。その時お客様は店頭でどう動いたかわかりますか。ヘビーユーザーは買いに走りました。これはデータでも明らかです。ヘビーユーザーが買い漁り、店頭からあっという間にものが消えました。これはおかしくないですか。喉に詰まるという問題があるはずですから。しかしお客様は違うのです、お客様はちゃんと自分で品質を見極め、問題なしと判断しているから、なくなると思って買いに走りました。そして復活した所では、異常なくらい売れていました。すぐに取り扱わない小売が多く、取扱店率、販売店率は20％にも達しておらず、売れていないように見えますが。

実はそこに大きな認識の違いがあります。お客様は本音では、自分はこんにゃくで喉は詰めないと思っています。データでは、こんにゃくより餅で喉が詰まって死ぬ人のほうがはるかに多いのです。それでも餅は製造中止にはなりません。ステーキ肉だって喉に詰まって死んでいる人もいます。製造中止にする基準、よく分からないことです。お国の役人や国会議員さんは何を考えているのでしょうか、彼らには、われわれ庶民の生活は理解できていないのかもしれないですね。お客様は賢明なのであります。

物価についてです。「ＳＣＩ」という㈱インテージの買い物のデータには、１９９４年を１００とした時の、食品、雑貨の購買平均単価が示されています。実は20年前に比べて、食品、雑貨の値段は、80％程度に落ちています。完全にデフレです。したがって、給料が増えていなくても、結構やっていけるのです。８割です。原油高で値上げしたことがありましたが、また下がりだしたのです。加工食品もまた、ずっと下がっています。その中で利益を出しているわけです。しかし、円安でまた苦しむ。どれだけ苦労して利益を出しているかということを考えると、食品メーカーは大変な苦労をしていますよ。そこに小売のＰＢが、メーカーにさらなる圧力をかけているのですよ。

それぞれの立場もわかります。でも、目指すところは幸せな生活。メーカーと小売と消費者が、WIN-WIN-WINの関係になるといいのですが。

宝探しのキー：⑭　低価格高品質

トップブランドは、既存カテゴリーでは当然、低コスト高品質であれば飛ぶように売れますよね。そしてPBだって、トップメーカーが血の出る思いでコストを削り、提供しているのです。低価格高品質は、メーカーの努力です。トップブランドの力を削ぎ、同時にメーカーを苦境に追い込んでしまわないことを希望します。

新しいカテゴリー開発には、メーカーのイノベーションが必要です。新機軸により、いかに新カテゴリー、既存カテゴリーのサブカテを作り出せるかが勝負です。

十一　大潮流：ついにNB化したPB

前項でも触れましたが、今、注目すべきテーマなので、あらためて取り上げます。PBとは、プライベートブランド＝「小売等が独自に商品化を図ったもの」。NBとは、ナショナルブランド＝「大手食品メーカーが開発したブランド」。

日本における加工食品分野は、大きな曲がり角にきています。過去、安かろう、まずかろう、と言われてきた小売のPB食品。その驚くべき近年の躍進。とにもかくにも、メーカーが新しい価値の開発、すなわち、マーケットのイノベーションができていないことが根幹にあると、わたしは思います。小売に対するメーカーの立場が弱すぎるのです。グロッサリーもチルドも冷凍食品も同様です。まず、PBの歴史を眺めましょう。

◆PBの誕生～第一次PBブーム

日本でのPBの歴史は、1959年に大丸が「TOROJAN（トロージャン）」というブランドのスーツを当時の価格で、1万3000円で発売したものが最初と言われているようです。当時、PBという感覚はなかったでしょう。1960年ダイエーから「みかんの缶詰」。低価格を武器とした商品で、缶詰自体にダイエーと入っていない、いわゆる「ノーブランド」製品が小売開発食品の最初であると思います。1961年のダイエー社史の中で、最初のPBとして紹介されているのは、「インスタントコーヒー」です。さらに、翌1962年に食品分野で中小メーカーと組んで、「ダイエー粉末ジュース」「ダイエー・マーガリン」「ダイエー・ラーメン」等の販売を開始しています。もう半世紀前ですね、ダイエーは、すごい。すごかった。

そのダイエーの歴史も、もう終わりますが。

高度成長期、日本はメーカーがモノを作れば飛ぶように売れた時代でした。メーカー側は、小売に価格決定権を渡すようなＰＢを作る必要はなかったですし、小売側も、手間をかけてＰＢを開発する必要はなかったのです。しかし、ダイエー創業者の中内㓛さんだけが、価格は消費者が決めるべきだという信念のもと、ＰＢづくりに邁進していきます。誰もが、どんな企業でもその成長の差こそあれ、マーケットが右肩上がりだった高度成長期のこと。

さて、１９７３年の第四次中東戦争から第一次オイルショックを受けて、１９７４年一年間で日本の消費者物価は23％も上昇という狂乱物価を経験し、第一次ＰＢブームが起こります。この時、「Ｊカップ（カップ麺）」という、イオン初のＰＢが88円で販売されています。消費者は、猛烈なインフレによる生活防衛のため低価格商品を求めたのです。しかし、安かろう、悪かろうという印象がＰＢに付いていたようです。１９８０年に、本格的ＰＢの誕生です。西友（セゾングループ）が「無印良品」の販売を開始し、ダイエーは、ＰＢ「セービング」を販売開始します。「無印」という名のブランドが登場したことは、多くの人の驚きでしたが、今やＰＢではない立派なブランドとなっていることは御存知の通り。

こうした影響を受けて他のチェーンストアもＰＢ販売に着手しました。しかし、物価が落ち着くとＰＢに消費者は目を向けなくなり、バブル経済が始まり第一次ＰＢブームは幕を閉じます。

◆第二次PBブーム

１９９１年のバブル崩壊を受けて、消費者の財布の紐が、再び固くなりました。同時に急激な円高が進行。するとダイエーは、円高による輸入価格の下落を利用して再びＰＢの販売を強化していきます。さらに１９９４年イオンが「トップバリュ」の販売をスタートさせます。「セブンプレミアム」に隠れていますが、「トップバリュ」は、発売開始から20年もたっているのですね。

第二次ＰＢブームも、円高から円安に振れて色あせていきます。「まだまだ、安かろう、悪かろう」のイメージは払拭できません。

◆第三次ＰＢブーム

２００７～08年サブプライム・ローン問題が表面化するとともに、リーマンショックにより、日本の景気が悪化していきます。２００７年、いよいよ、セブン＆アイは「セブンプレミアム」というブランドで、ＰＢマーケットに参入しました。翌２００８年「トップバリュ」は、その恩恵を受けるかのように一気に伸長し、40％増で３６８７億円もの売上を達成することになります。セブン&アイの参入で、現在のPBの流れが定まってきたと言えます。

この第三次PBブームは今までのブームと異なり、低価格PBという形から脱却し、多面的でさまざまな価格帯のブランドがPBとして立ち上がりました。すでに市場では、小売がチャネルキャプテンの座を確固たるものにしていたことも大きいですよね。

◆現在のRBを取り巻く環境はどうでしょう。

計画的かどうかは定かではないですが、大手小売業は実に巧みでした。セブン&アイは、製造が大手メーカーであることを明示して、お客様が最も不安を持っていた「安心・安全」を確保しました。一方、イオンは巨大流通グループの力を示すがごとく、「トップバリュ」をイオン、マックスバリュだけでなく、グループ傘下にいたダイエー、マルエツ、カスミ、いなげや、マルナカ等の中堅SM、DSのウエルシア、ツルハ、クスリのアオキ、てらしま、CVSではミニストップ等、広く面展開し、PBでなくNBに「トップバリュ」を押し上げてしまいました。㈱トップバリュは、「工場を持たないメーカー」として、すべてのカテゴリーを横串にした日本最大のブランドになっていったのです。

お客様から見れば、業界トップの大手メーカーがPBを作っているので、安全安心であると認識します。PBの売場の占有率が拡大してきていれば、ますますその安心感が高っていきます。安くて品質が年々向上するPBは、お客様からみれば新しいタイプのNBではないでしょうか。

『低価格高品質』さらに、価格帯別製品まで、開発が進んでいます。

『ロープライス、スタンダード、プレミアム、オーガニック』全体の市場が縮小する中、メーカーの売場縮小は、死活問題であり、このままでは、日本も遠からず、ヨーロッパ的なPB中心の食品マーケットになっていくこと避けられないように思います。

あるリサーチ関係の人から聞きましたが、「トップバリュ」も「セブンプレミアム」も、特に食品は、お客様に繰り返し買っていただくために、徹底した味覚調査を行っているようです。食品はPBでもNBでも、おいしさが生命線であることに変わりないですから当然ですね。

メーカーにとっては脅威です。リサーチ業界にとっては、吉報かもしれません。

◆PBが持つ、メーカーと小売業に内在する課題

メーカーの経営者は、当初、まさかPBが、マーケットの中心に居座るとは思っていなかったのではないですか。メーカーのPB対応には迷いがありました。タイミングを間違えた企業も多く、また、イオンとセブン&アイという巨大グループだったので対応に苦慮していたことも事実です。

メーカーは、後手に回ってPB対応に振り回され、自らのイノベーションに力を注げず、自社新製品開発に力を入れなかったように思われます。その間の商品開発は、類似品、モノマネ、追随に力を消耗してしまい、メーカーの独自性の高い新製品、新カテゴリーを開発できていないことが、今のマーケットの現状でしょう。

メーカーが生き残っていくためには、製品開発イノベーションが必須であり、既存カテゴリーだけなら低価格高品質は、当たり前なのです。対PB戦略としては、コストダウン技術の獲得には貢献しているはずであり、既存の商品企画、技術開発に適切に力を入れれば、まだまだ小売に負けないものとわたしは、期待します。小売業は、既存カテゴリーではPBを作れても、技術開発をともなう新カテゴリーの開発はできないはずだからです。

とはいうものの、店頭では、PBの価格を下回るNBも出現し市場の縮小が始まっており、メーカーの売場縮小がそれを加速しています。メーカーが怖れるべきことは、「若い世代にとってのマイブランド」をPBにしてはいけないということです。若い世代の意識ではPBに抵抗がなくマイブランド化が進んできていることは事実です。このことにメーカーは、強い危機感を持っているのでしょうか。心配です。

小売業にとって最大の課題は、PBの継続的な鮮度維持・魅力維持ですよね。お客様から見れば、売り場が面白くなくなってきているはず。さらに、飽きてくるはずです。PBが広がることで、小売の業態間格差がなくなるのです。お客様は、店頭がＰＢだらけになることを望んでいるわけではない。現代ではすでに、お客様は「ＰＢは低価格だが高品質」だと思っています。食費を節約したいという傾向が強いので、現在は、お客様の支持が拡大しているのです。

私ごとですが、定年になり収入が激減したので嫁さんがＰＢを使い始めました（笑）。品質的、おいしさ的にまったく問題がないのです。当たり前ですね。ほとんどＮＢメーカーが製造しているのですから。これではＰＢの増殖を抑えることはできないのではないでしょうか。

ＰＢが、いわゆる薬と同じようにジェネリック食品の内は、まだメーカーに活路が残されていましたが、小売はジェネリック食品ではなくて、独自の開発を進めてきています。低価格だけでなく、プレミアム、スタンダード、ヘルシー、オーガニック、ロープライスとバラエティ化を進めさらに、パッケージについても今までのいかにもＰＢというものから脱却を図ってきています。いよいよメーカーも正念場です。

すでに、売場によっては、「メーカーのトップブランド製品とトップブランドメーカーが作ったＰＢ」というカテゴリーも出てきていますし、セブン‐イレブンの冷凍コーナーでは、アイス以外の冷凍食品カテゴリーは、すべてＰＢなのです。店頭の変化は速いのです。

メーカーは、何をなすべきなのか。今の流れは、すぐには変えられません。今一度、原点にもどり、一人ひとりのお客様の声に耳を傾け、さらに、お客様の生活をよく観察するところから始めることです。他社製品の追随や既存品の改良だけではどうにもならないところに来ています。ましてや、低価格志向に対応するために、量目を減らして売価を下げる等、自らの大切な市場を自らが縮小していることになります。

何としても、独自の技術開発が伴う新しい価値の創出がメーカーに求められます。イノベーションが必要です。新市場創造であります。

巨大製造小売業とメーカーの競合と共存を考えなくてはいけない事態に直面していますが、「トップバリュ」「セブンプレミアム」など、小売のPBの市場規模は、すでに1兆円を超えています。企業が多くの労力を傾けて開発してきた製品が、いとも簡単にPB化、ジェネリック化されてしまう。このことは、実は小売店頭でのメーカーの場所が減少する、もしくは無くなるということです。メーカーは、体力減退していかないためにも、技術開発、製品開発に力を入れて、新しい価値を生み出していく必要があります。

短期的な利益を調整することに、多くの労力をさいている場合ではないですよね。メーカー連合、メーカーの巨大化へと進むのか、それとも小売の下請けになってしまうのか、これすべて、独自の製品を持っているかどうか、技術力の勝負になります。メーカーとして、ファーストエントリーで独自性高質性のある新製品が待たれます。別の見方をする大手メーカーが「低価格高品質」を実現してしまったことに背景があります。

近年、食品の偽装があったり、冷凍餃子の事件があったり、環境問題、原料価格の高騰があったりとさまざまです。しかし、わたしの関心事はＰＢです。ＮＢのほうが、ＰＢよりも安い時代なのです。現実にヨーカドーでもそうです。あるカテゴリーで、ヨーカドーでＰＢを手掛けており、１４８円で売られています。そして、その横で大手メーカーの製品が98円で売られているのです。何を考えているのかと思います。むやみに商品価値を下げたらいけないのです。お客様が値段を決めてくれるのであって、メーカーが苦労して作った商品に関して、その価値を必要以上に下げて売ってはならないと思います。

「トップバリュ」などはＰＢを1割ほど値引きして売っていることもありました。「トップバリュ」より廉価な「ベストプライス」に至っては、こんなものを作ってどうするのかと思います。さらに定価販売が基本だったコンビニまで値引き販売が定着しました。コンビニは、24時間営業するシステムだから定価販売だったはずですよね。セブン‐イレブンはどう考えているのでしょうか。

若い人に聞いたら、新製品が一番早く並ぶ場所がコンビニエンスストア、とりわけセブン‐イレブンであることを知っています。いつも新しいものに入れ替わるから、３０００アイテムで十分なのですが、４割あるいは半分以上セブンプレミアムを並べるとなると、どうやってリニューアルするのでしょうか。パッケージデザインで鮮度感を持たせるのでしょうか。

最近、コンビニの店頭が、大きく変化しました。ターゲットをファミリー、特に日常の食事に焦点を当て、さらに、御用聞きでシニア層を取り込み、通販の受け取りで若者層も取り込み始めています。千葉県では、県とセブン‐イレブンが高齢単身世帯の見回りサービスに関して提携しています。今、家庭に食の提案を継続的に続けているのは、コンビニ、特にセブン‐イレブンです。メーカーは、どう対応するのか、のんびりできないですよね。

繰り返しになりますが、メーカーにとって一番の問題は、お客様に新しい価値を提供できる新製品が開発できていないこと、さらに言えば、自らの食品領域でイノベーションができていないことがあげられると思います。結局、既存カテゴリー、既存技術を使って、バラエティ、改良製品を出さざるを得ないのが現状ですね。当然ですが、新規性もなく従来品との違いも不鮮明で、お客様の認知度も低く、また小売りの店頭に並ばないまま終わっている製品が多くなっているのではないでしょうか。

PBはすでにNBの一つ。お客様は、PBは、業界トップクラスの流通業が提供しているもの、また、有名なメーカーが作っているもの、ということを理解している人が多いのです。低価格だが高品質だと思っている人が増えてきています。食費を節約したいという傾向がお客様に強いので、支持が拡大しているのです。

でも、店頭がPBだらけになることを望んでいるわけではないのです。きっと飽きがくるはずです。それまでに、はやく新しい価値を!!!

宝探しのキー：⑮　コンビニが家庭料理を支える

少子高齢社会は、その年齢構成から考えて、楽しい食というよりも、家庭で健康的な食事を用意することが難しい社会になることは確実です。いかに、家庭で楽しく健康に良い食を実現できるのか、これをコンビニに託すことになりそうです。

今、一番、家庭の食の提案をしているのは、セブン‐イレブンです。あの膨大なコマーシャルで、お母さんは、朝食夕食の買い物をコンビニですることに抵抗がなくなりました。夕方、お母さんでレジに行列ができるコンビニもあるそうです。

十二　大震災による人の意識と生活の変貌

東日本大震災直後、異業種の方々と、原発事故後のお客様の意識、価値観の変化と行動について、共同で調査研究を進めたことがあります。被災地仙台と東京で、お客様の声を直接聞くという手間暇のかかるインタビューをコツコツと積み重ねました。

気が付いた大切なことは、直接の被災地でない東京も、被災地と同様の（それに近い）意識になっていたということですね。

交通機関が止まる、スーパー、コンビニからモノがなくなる、家族友人知人との連絡が取れない等、ライフラインの大切さが身にしみた震災でした。今でも地震がたびたび起こります。しかし、人の心には慣れがあります。震度1～3くらいでは何とも思わなくなり、電車も止まりません。お客様は、節電、モノ不足等の多くの生活の制約をうけたことで、いざという時の為す術を知り、大変賢くなったのではないでしょうか。

たとえば、「生活の中での多くの無駄に気が付き始めた、電気だけでない」次に「それに加えて、今地震がくれば、放射能が問題になれば、という、強迫観念や恐怖感から、生活行動が大きく変化しました。いざという時のための準備を確実に行ってきている」当然、コスト意識、しかし、生活の質を落とさない範囲での切り詰めを進めてきています。

もう中途半端な価格と品質の新製品など見向きもされなくなってきているのでないでしょうか。被災者にとって、災害時にいちばん頼りなるのは、やはり家族であり、仲の良い友人知人であることを身にしみてわかったはずです。人生の節目よりも、もっと遭遇することの少ない、希有な経験だったはずです。『家族、絆、和、信頼』といったキーワードに、宝が隠れているようにわたしは思います。

さらに具体的に、食生活の面でお客様の変化を整理して考えてみます。

「水のありがたさ」「食品の備蓄の大切さ」「近くにあるコンビニのありがたさ（コンビニは、大震災後特にミニスーパー的な品揃えに変えつつあります）」。食品では、「日持ちして常温でそのまま食べられるレトルト、缶詰、瓶詰のような食品の便利さ（レトルト食品の利用・保有者の割合は、大震災前後で10％も高まっているというデータが缶詰協会の調査で明らかに）」「冷凍食品は停電すれば何の意味もない」「カセットコンロのすばらしさ（ガス電気がなくても温かいものが食べられる）」等。

レトルト食品は常温で保存できて、温めなくてもそのままでもおいしく食べられるリーズナブル食品であることを、より広く知っていただく千載一遇のチャンスでした。冷凍・チルド等は、電気が寸断されれば、まったく機能しない食品です。しかし、瓶詰、缶詰、レトルト食品は、泥をかぶっても洗えば食べられる機能を有していました。いざという時のストックになる防災食、ライフラインの貧弱な場所に持っていくべき非常食などとして、優れた食品であることが再認識されました。

さらにカレー、シチューだけでなく、常温で、和食や中華、いろんなジャンルでおいしいものが提供できる技術開発・製品開発が求められていくように思われます。

第4章

データ分析　2つの事例

一　セカンダリーデータの分析：水道水を飲まない消費者

ここに紹介するのは、誰にでも手に入るセカンダリーデータを集めることで、お客様の実態にせまり、新しい提案に結びつけられるのではないか、という試みです。(旧)(社)資源協会の水危機水資源の調査委員会でわたしが担当したリサーチのまとめの一部です)

マーケティングリサーチの基本となる、セカンダリーデータの活用事例です。目的を『日本における水の位置づけと飲用水としての課題』として、まとめています。セカンダリーデータだけで、ここまで整理できるということです。あまりレベルが高くないかもしれませんが。

セカンダリーデータは、実に多く存在しています。そのデータには、必ず目的があったはずであり、それは、マーケットの変化、お客様の変化、新しい考え方等に関し、企業、官公庁、地方自治体、各種研究機関、大学等が何を考え関心を持っていたかを教えてくれるものです。多くの情報が含まれているのです。これを使わない手はないですよね。

このようなセカンダリーデータのリサーチは、誰にでもできそうで簡単に見えますが実際は奥が深く、「情報を集めることが難しい」「コツコツと時間のかかる業務」であり、本当に手間暇がかかることをご理解いただきたいと思います。今でこそ、インターネットの検索エンジンの普及により、簡単に情報が手に入るような錯覚をしていますが、わたしが、このリサーチの世界に入った30年前は、セカンダリーデータを入手することでさえも多くの時間と労力が必要でしたね。まずは、大きな図書館でカードをめくり、書店に行って関係する本や雑誌を探しコピーして情報を集め、カード化し、KJ法的なまとめをして、目的に迫るということを、いつもやっていました。とにかくよく、いろんなものを読みましたし、また、専門家を見つけては話を聞きに行きました。今となれば、それが大切な人脈づくりの基盤になっています。

◆水の国、日本

現在、日本全国で水道を利用している人々は、ほぼ総人口の97％に当たります。水道は水道法に基づき、51項目に及ぶ水質基準に適合した、きれいで安全な水を常時安定的に供給されています。こんな恵まれた安全な水がすべての国民に提供されている国はありません。

言うまでもなく、今はミネラルウォーターの普及が進んできています。日本の水道には、関係各位の日々の技術開発と浄水場などの施設整備、また、安全で精度の高い運転管理が行われており、このような日々の努力が、今の日本の水の安全を守っています。

さらに、水質基準を満たした水道水を供給しているか確認するため、水道水質の検査も定期的に実施されています。当然ですが、アメリカ、中国、東南アジア、ヨーロッパ等、どの地域と比べても圧倒的に、清潔で安全な水の供給がなされています。水が豊富にあって、安全に供給されていることが、いかに恵まれているかということを、日本の消費者の多くは、あまり認識していないと思いますが。

小売店頭での、ミネラルウォーターの価格は、2Lペットボトルで常時100円を切っています。したがって、水のさらなる付加価値を求め始めており、極端に言うならば、自然でおいしい水を通して、「より安らぎのある生活」「より癒しのある生活」を求め始めているように思います。そして、日本国民は、自然の水の本当のおいしさを、わかってきていると言っていいのではないかと思います。

日本の技術による世界の開発途上地支援だけでなく、気候の変動から将来、日本自身だって水危機で苦労する時代がくる可能性がないとは言えません。学校の教科書でも水の大切さや水道のこと、ミネラルウォーターのことについて、教えていくことが求められます。子供たちだけではなく、大人たちへの教育も必要と思います（先日、出張で水を買いにコンビニに入ったら、なんと、2Lペットボトルのミネラルウォーターが85円で、500mlのペットボトルは125円でした。重たいなと思いつつも2Lを買ってしまいました（汗））

次に、水のことをしっかり教えようという試みをしている小学校が存在しているので、すこし紹介してみたいと思います。今後の活動のひとつの事例として大切であると思います。

◆水と子供たち

「水道水とペットボトルの水はどこが違うの?」というテーマで、神奈川・茅ヶ崎市立松浪小学校　秋山勝彦先生が小学校4年生の社会科の授業用にまとめられました。

4年生の社会科の時間では、水道の学習が行われています。水の安全性に対する不安が叫ばれている一方で、スーパーマーケットの店頭で多く見られるようになったペットボトルの水(ミネラルウォーター)との関係について、指導がなされています。子供たちの家庭ではすでに「ミネラルウォーターの水を飲んだり、料理に使ったりしている家」は、クラスの約3分の2になっているということです。水道水をほとんど飲まない人が70%も存在しているというデータもあります。理由は、安全だからとか、おいしいからとか、体によいからということです。

さらに、学習では、水道料金表とミネラルウォーターの料金の比較に言及しています。水道水1Lあたり約0.15円。それに対してペットボトルの水は、1L約50~150円程度ということで、いかにペットボトルの水が高価なのかを指導し、ペットボトルの水の価格はどうして決まるのかという投げかけを子供たちにしています。

また、地球上のわずかな淡水を、地上の生き物すべてで分け合って生きていくという視点を、授業の中に取り入れていました。自分たちがなにげなく使用している「水」について、自然の循環を含む世界観を背景としてしっかりと理解させながら、国民全体で水の大切さと安全性を見直すためにも、子供だけでなく大人への教育も必要だと指摘されています。

授業ではアジア太平洋資料センター制作の『ペットボトルの水』というビデオも流し、子供たちが素直な感想を述べています。「水はどうしてタダなのだろう」「日本は水を使いすぎている」「パキスタンでは半分の家に水道がない。毎日重い水を自分で運んできている」「ペットボトルの水の工場が多すぎる」「ペットボトルをリサイクルしない人がいる」「1Lの水道水が0.14円は安すぎるよ」「少ない国に水を分けてあげたい」等。

水資源は、国家レベルでの重要な戦略物資。一つ間違えると国際紛争にもなりかねないものです。学校教育、消費者教育にこの水問題を組み込んでいくことの大切さを痛感させられます。

地球温暖化の問題は、気候の変動から、降雨、降雪地帯の変化、量の変化をもたらし、結果として穀倉地帯の移動をもたらすおそれがあると指摘されています。水源は、本当に大切な財産であり、きれいな水が豊富にあるということは、国の豊かさとつながりますよね。

最近話題になっていますが、ビジネスの世界では、中国・韓国などの外国資本が、日本の水源を買い漁っているという報道がありました。水源は、日本国土の大切な財産であり、水は、生きとし生けるものの命を守る資源です。水源を守ることは、国、地方公共団体はもとより、水の世界でビジネスを展開している企業の社会的責任であると思います。

◆水道水とミネラルウォーター

ミネラルウォーターは、ハウス食品が家庭用として1983年に「六甲のおいしい水」を発売して以来、その販売と消費は確実に増加し、1990年頃から大きく成長。2000年に入って急速に市場規模が拡大し、家庭でなくてはならないものになってきています。1980年代前半における年間一人当たり消費量は0・7Lでしたが、1999年には8・9Lに増加、近年は年間一人当たり20Lを越えていると思います。

しかし当初、このような水の商品化には、いろいろ指摘がなされ、その存在すら否定されるような意見も多かったようです。牛乳や醤油よりも高価格だと聞けば、なおさらのことだったのでしょう。家庭用として、初めて市場に導入した企業は、本当に先見の明があったということです。

その後、高度成長期の日本は河川の汚染が進み、水道水の臭い、おいしさと安全性に大いなる疑問が投げかけられていました。これと生活の豊かさとが相まってミネラルウォーターの市場が拡大してきました。

「食品と容器」（2002年5月号）で、水道水とミネラルウォーターとの違いをどう考えるかについて解説されています。主要な相違点の一番目は、供給義務。最も基本的なポイントです。水道水は当然設置されるべきものであり、ミネラルウォーターは「買わなくてもいい」、つまり売らなくてもよいので、供給義務はないということです。水道水は商品ではなく、飲用の他に、風呂、洗濯、料理などの日常の生活用水として幅広い用途で使用されるもので、ライフラインです。一方、ミネラルウォーターは、当初は、高級クラブやバー等、飲食の業務用途が中心で、それに加えて一部の健康オタクや安全意識の高い人たち、もしくはセレブ層に支持されたようです。やがて、一般家庭の飲用製品として必需品のようになっていきます。

主要な相違点の二番目は、水道水は法規上「塩素消毒」が必須であるということです。その理由は「水源」にあります。水道水はダム、自流河川水、湖沼等、多様な水源であるのに対し、ミネラルウォーターは特定の地下水がほとんどだからです。検査を通った深井戸からの取水は、そのまま飲料水として使用でき、ペットボトルなどの容器に詰めて販売できるのです。なお、水道水を容器販売するとその価格はべらぼうに高くなり、ミネラルウォーターとほとんど同じ価格になるという試算があります。

ミネラルウォーターの場合を大まかに推測してみましょうか。２Ｌで考えますと、およそですが、包材関係費20～30円、製造コスト10円、物流費20～30円、販促費40～50円、ラフに計算して１本当たり90～１２０円程度かかると思われます。今、店頭では２Ｌ×６本のケースが

600～700円で普通ですから、よほど大量生産してコストを下げるか、物流効率の良い他製品と混載して物流費を下げないと採算がとれないことになります。水を運ぶと儲からないと言われていることは間違いないと思います。

そして、ペットボトル水は、環境に与える負荷が驚くほど大きく、水道技術研究センターの試算では、石油からペットボトルを製造し、国内産地から輸送する場合のエネルギー消費量は、水道水の約700倍。フランスや米国など海外から運ばれる水の場合は、運送も含めた二酸化炭素（CO_2）排出量、エネルギー使用量は、一層多くなります。

すでに欧米各国では環境対策として、「蛇口回帰」を呼びかける動きが活発であり、米サンフランシスコでは数年前から、官庁でのボトル水の購入を禁止しています。ロンドンのケン・リビングストン市長（当時）は「安くておいしく環境にも優しい水道水を飲もう」と市民に訴えかけています。

地球環境には、水の側面だけでも多くの問題が内在しています。さて、このペットボトルで供給されているミネラルウォーターの将来をどのように考えていけばよいのでしょうか。難題ですね。

◆消費者の水に対する知識と利用実態

消費者の水に対する関心は決して高くなく、清涼飲料総合調査・一般社団法人全国清涼飲料工業会の調査によれば、強い関心のある人は、15%程度にすぎません。やはり日本は水に恵まれた国であり、いつでもどこでも簡単に手に入るために、消費者は何も意識していないのです。水がなくて苦労した経験など、夏場の渇水期に一部の地域で起こる取水制限のニュースか、大震災でも起こらない限り、ほとんど経験ないのですから、しかたがないことかもしれません。

また、水に対する知識も、「硬度」「アルカリイオン水」「海洋深層水」等マスコミで取り上げられているものは、たくさんの人たちがおおよそ認知しているようですが、その意味内容をしっかりと理解しているかというと、どうでしょう。水に対して明確な意識を持って購入し、自分の生活の中でその価値をしっかりと把握して飲用している人であろうと推察され、ミネラルウォーターのヘビーユーザー（およそ10%）に過ぎないようです。

図表14をご覧ください。日頃水道水を飲用している人は約30%。逆に、ほとんどもしくはまったく水道水を飲まないという人は約70%という恐ろしい結果です。もはや水道水は、飲用水ではなく生活水。日本は世界的にみれば本当に贅沢な社会です。

確かに、過去、京都や大阪、また東京などの大都市で水がおいしくないという時代もありま

【図表14　水道水をそのまま飲んでいる人の割合】

項目／性別	よく飲む	時々飲む	ほとんど飲まない	まったく飲まない・無回答	計
全体	9.0	19.8	34.8	36.4	100
男性	11.5	20.2	35.8	32.6	100
女性	6.6	19.4	34.0	40.0	100

（2006清涼飲料総合調査　㈳全国清涼飲料工業会より著者作成）

したから、その影響を引きずっているかもしれません。水道水はおいしくなったとはいえ、やはり塩素殺菌による影響は当然ありますし、また、塩素が体に影響を与える可能性も否定できないとされているようです。

水道水のおいしさとその品質について、今一度見直してみる価値は十分にあるでしょうね。普段、水を直接飲む場面を考えてみましょう。わたしは、薬やサプリメントを飲むときが断トツに多いと感じますが、それは、錠剤は水で飲むように指定されているからです。飲食店では、当然のこととして水が出されています。その他スポーツ、朝起きぬけ、風呂上がり、二日酔い等、水を飲むとおいしい、また身体が水を欲するシーンがあります。

水は、健康の基本、いつどのような場面で飲むのが大切かということも研究されてきています。水の安全とおいしさについての見直しもテーマです。

水道水に対する安全性とおいしさへの疑問からでしょう、水道水に浄水器を取り付けている人の割合が50％を超えています。ミネラルウォーターの利用と同様の消費者意識が背景にあります。

ミネラルウォーターと浄水器のどちらを選択するかは、消費者意識の違いです。しかし、「おいしさ」「残留塩素」「水源」等を気にして水道水の飲用に疑問をもっていることが、その背景にあることに変わりありません。水道水を煮沸しカルキを抜いて使用するなどのことに意識が強いのも事実ですね。ジャーポットにはその機能がついている商品が大半です。浄水器はメンテナンスが重要であり、この点は注意が必要です。

ミネラルウォーターは、おしゃれ、美容に良いといったファッション感覚で飲まれていることも事実であり、また贅沢だと思っている人たちも20％も存在しています。すでに20％近い人たちがミネラルウォーターを常備しています。スーパー、ドラッグ、ホームセンターの店頭を見れば明らかで、ケース販売が増えてきていることでも裏づけられます。水の味に関心の高い人ほど常備率が高くなるということでもあるようです。

大半は、飲用水としてですが、料理にまで使うという人も、もう少数派とは言えなくなっているようです。ミネラルウォーターでご飯を炊く人が18％もあるという結果には、わたしにとっては、ご飯のおいしさに影響しているとは思えないので、少し驚きを感じました。また、災害用に常備している人が10％も存在していることも注目されます。

実はミネラルウォーターの普及には、豊かさの中で、モノよりもココロの側の欲求が背後に隠れているように思えてならないのです。日本は、消費者が水に求めている内容が、ただの水ではなく、安心安全を越えて、より自然な、よりおいしさを求めているように思います。ここに宝が眠っていますね。

宝探しのキー：⑯　**缶やペットでない飲料**

缶やペットの飲料が、今のまま継続されるとは思いません。脱包材の飲料市場という方向性はないでしょうか。簡便性と環境維持の両面対応を成し遂げる方法が模索されていくと思います。

さて　セカンダリーデータからの分析いかがでしたでしょうか。この章のまとめは、すべて、既存にあるセカンダリーデータと一部専門機関や有識者へのインタビュー、国立国会図書館などの公的な施設の活用で行いました。2ヶ月ほどかかりました。わたしにとって多くの発見と新しい情報源をもたらしてくれました。

このような活動は、マーケティングリサーチに携わるものとして必須であります。短絡的に、Google やYahoo! だけで調べて終わるようなことは誰でもできる時代。少なくともリサーチで飯を食べていくのならばセカンダリーデータ分析は、その第一歩だと思います。

二　プライマリーデータの分析：何故、お母さんは料理を作るのか

このテーマは、昨年11月の一般社団法人・市場創造研究会の研究会で発表した内容からの抜粋です。課題認識は、これからの家庭や食を考えていくにあたり、最も大切な視点、『何故、お母さんは料理を作るのか、作らないのか』というテーマに迫ったものです。

メニューデータは、同研究会のメンバーである㈱マーケティング・リサーチ・サービスが提供している調査「メニューセンサス」とインタビュー結果を、ハウス食品から提供していただいたもので、簡単にこの30年の家庭内食をレビューしてまとめています。

個別面接調査では、ラダリング法を活用して「お母さんが何故料理するのか／お母さんが何故料理しないのか」に迫ってみました。これからの食品産業、外食中食産業にとって、とても大切な情報になると確信しています。家庭内食の変化を抑えた上で、現在のお母さんの気持ちを定性的に捉え、仮説を立てています。

◆家庭内食―30年の変化と今

この30年（1981年以降）、家庭内食の調味料の利用、食品の利用、メニューの出現状況

は、すべての年代で同じ傾向で変化しています。最大の特徴は、50代の年配層が若い世代に近づいており、すべての年代の食傾向が同じになりつつあるということです。この30年間、家庭内食は、世代格差がなくなる方向で進んできたのです。簡単にその内容に触れてみます。

詳細を検討したい人は、㈱マーティング・リサーチ・サービスの「メニューセンサス」を購入されるといいと思います。大切なことは、前年比や5年ではなく、30年の変化をみると、今後の変化の方向が読み取れるということです。

基礎調味料の利用頻度は減少し、煮物や揚げ物等の調理頻度減少につながっているようです。ですが唯一、炒め物、すなわちフライパンでの調理だけは、この30年、老いも若きもほぼ横ばいとなっています。時間がかからない、片付けが楽ということですかね。野菜炒めの頻度が高いのも頷けます。

和食に注目したものが**図表15**です。ご飯、漬物、みそ汁、魚塩焼きの出現頻度の激減は、驚くべきものがあります。コメの消費量は、コンビニのおにぎりや、弁当の中のご飯で食べているのでデータ程ではないと思いますが、漬物、味噌汁はすごいことになっています。漬物は、サラダに化けたのでしょうか。いやいや弁当の中には少し、入っていますよね。

洋食に注目したものが**図表16**です。パン、サラダ、ハンバーグは、この30年ほとんど横ばいなのです。

【図表15　和食メニュー（100世帯1日当たりの出現回数）】

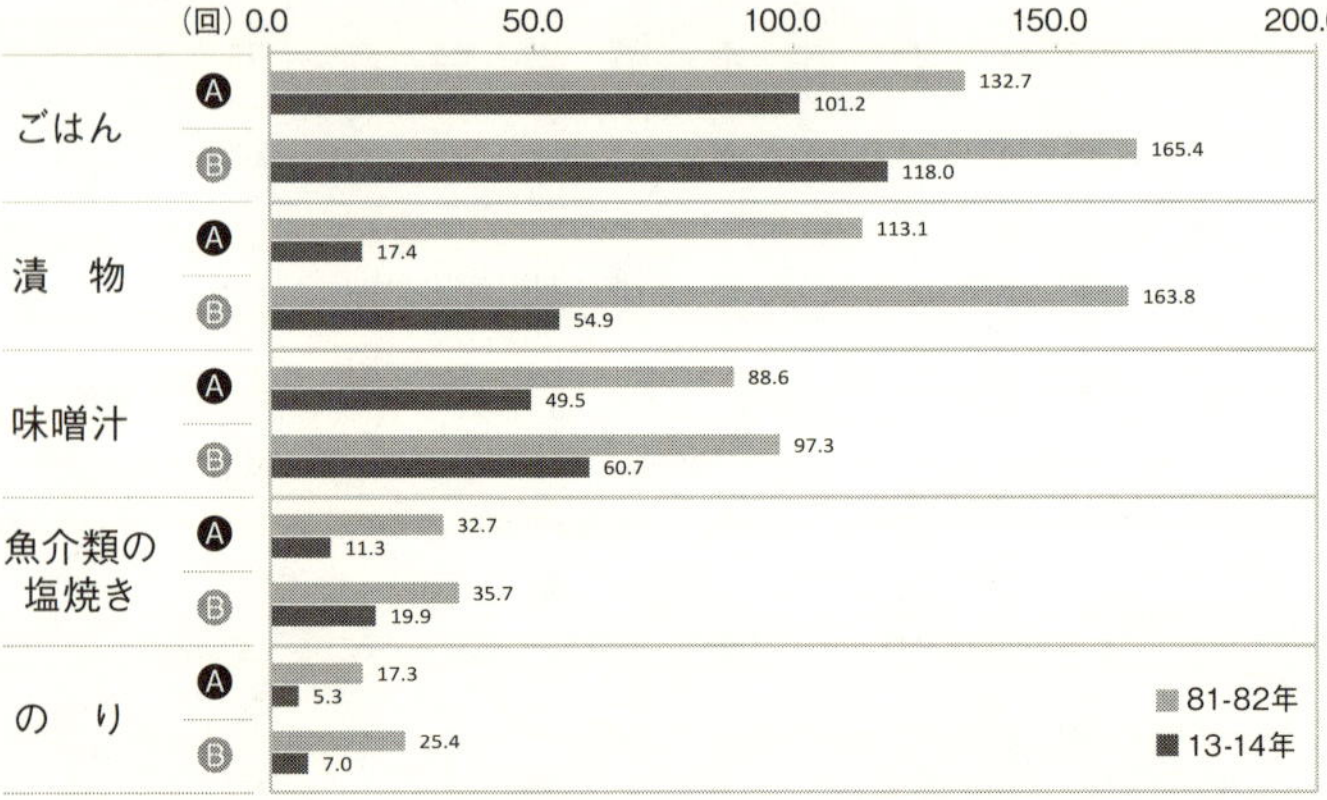

Ⓐ=20・30代計
Ⓑ=50代

＊サンプル数
81-82年
主婦年齢20・30代計（n=519）
主婦年齢50代（n=292）
13-14年
主婦年齢20・30代計（n=169）
主婦年齢50代（n=204）

（MRSメニューセンサスより著者作成）

【図表16　洋食メニュー（100世帯1日当たりの出現回数）】

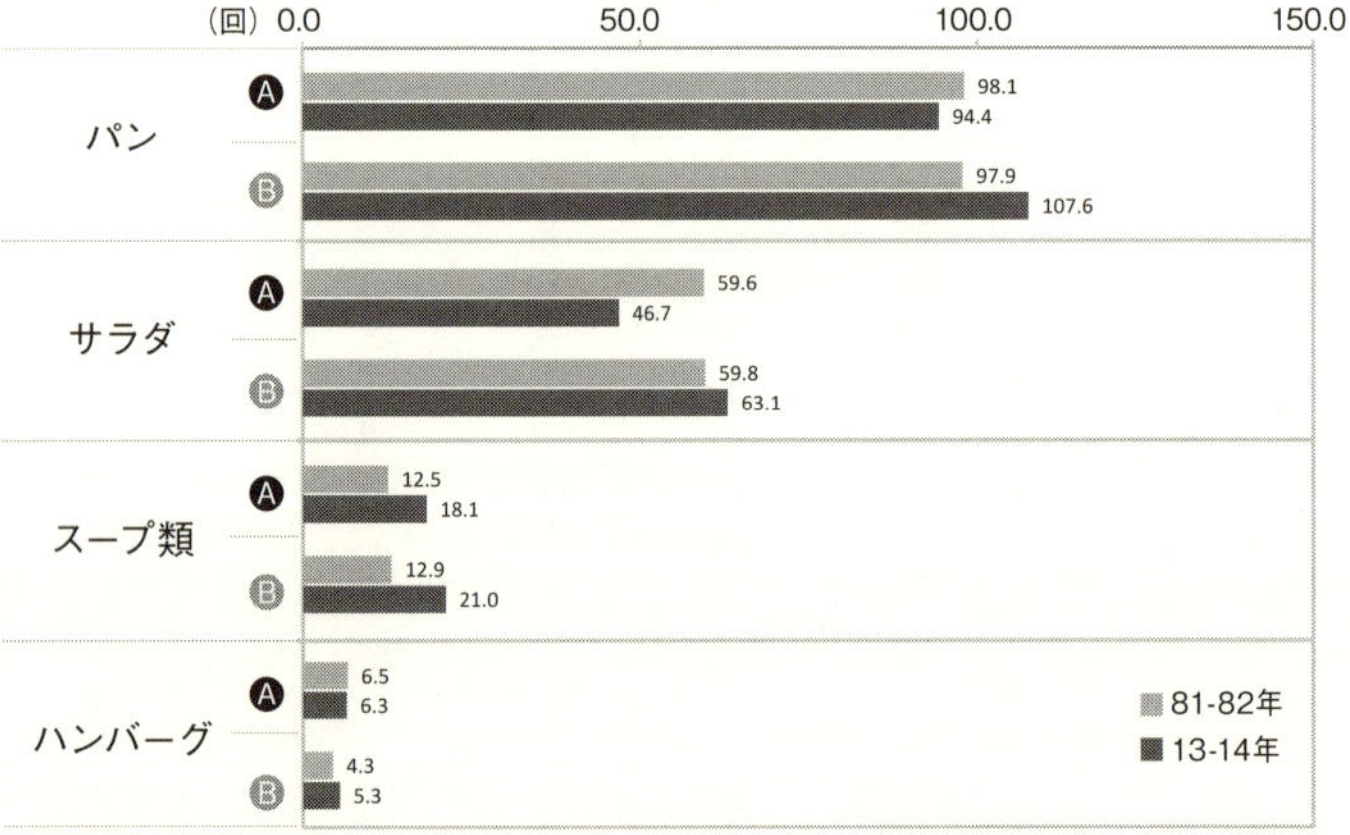

Ⓐ=20・30代計
Ⓑ=50代

＊サンプル数
81-82年
主婦年齢20・30代計（n=519）
主婦年齢50代（n=292）
13-14年
主婦年齢20・30代計（n=169）
主婦年齢50代（n=204）

（MRSメニューセンサスより著者作成）

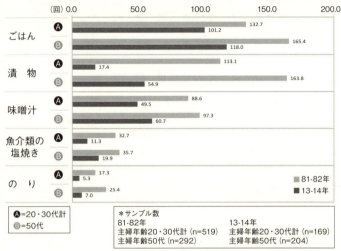

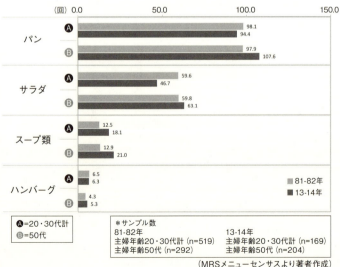

【図表17　1品メニュー（100世帯1日当たりの出現回数）】

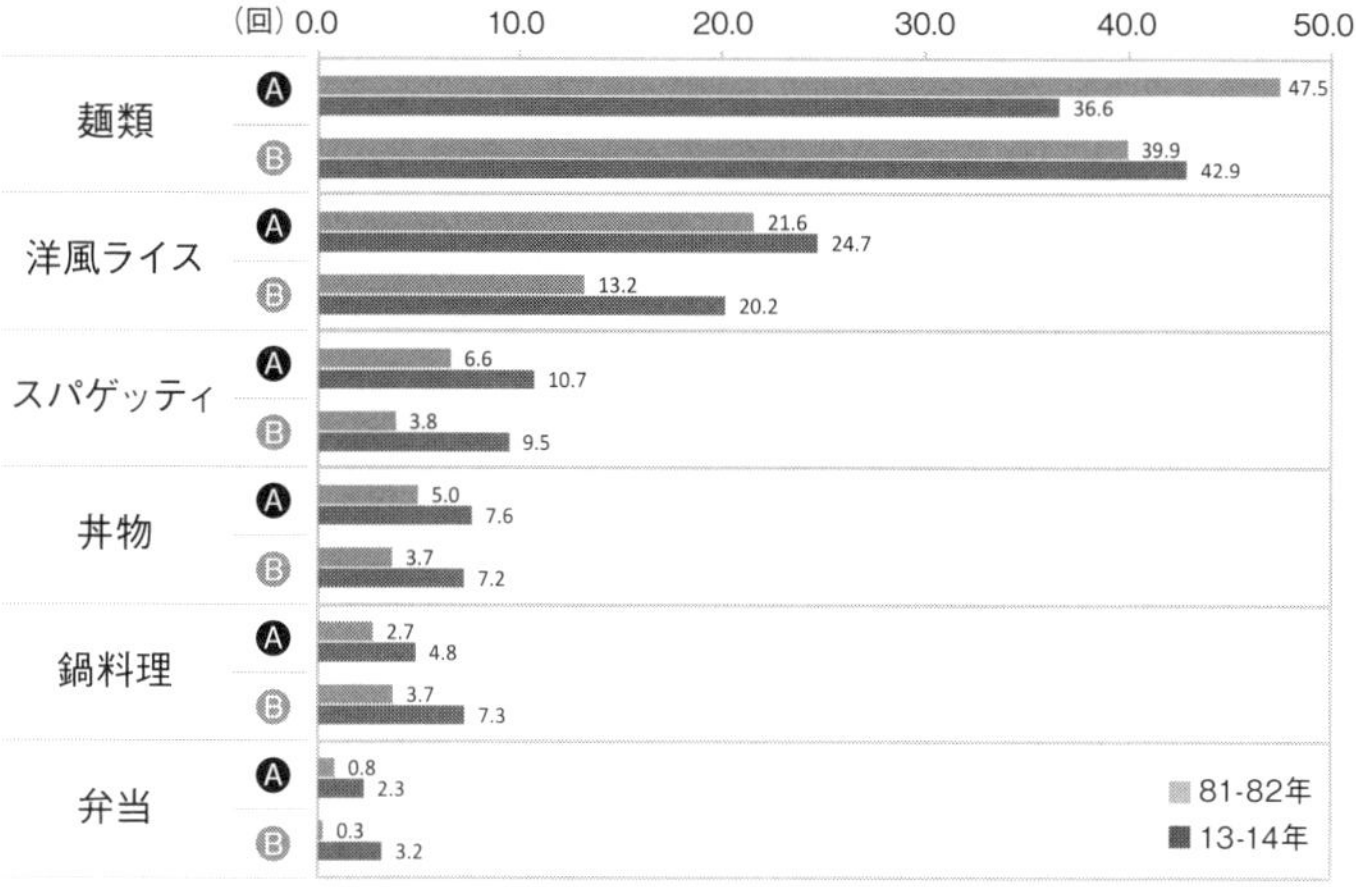

Ⓐ=20・30代計
Ⓑ=50代

＊サンプル数
81-82年
主婦年齢20・30代計（n=519）
主婦年齢50代（n=292）
13-14年
主婦年齢20・30代計（n=169）
主婦年齢50代（n=204）

（MRSメニューセンサスより著者作成）

図表17は一品メニューです。唯一、鍋物だけが増加しています。簡単で肉野菜がバランスよくとれるからですが、最近の鍋物の素は、メニュー専用調味料です。従来の鍋とは少し異なったものです。メニュー専用調味料は、その中に、醤油、砂糖、酢、味噌、みりん、酒等を含んでいますから、個々の基礎調味料の需要が表に出ないということはありますが。

総合的に見ると、弁当、冷凍食品、惣菜の伸びは著しく、いかに作らなくなっているかを証明していますね。

飲料に注目したものが**図表18**です。嗜好品においては、この30年間、牛乳とお茶が減少し、コーヒーと野菜

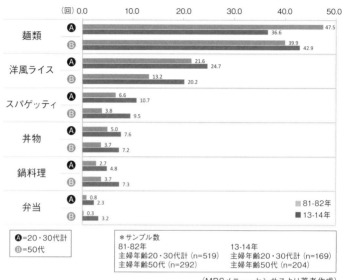

【図表18　飲料（100世帯1日当たりの出現回数）】

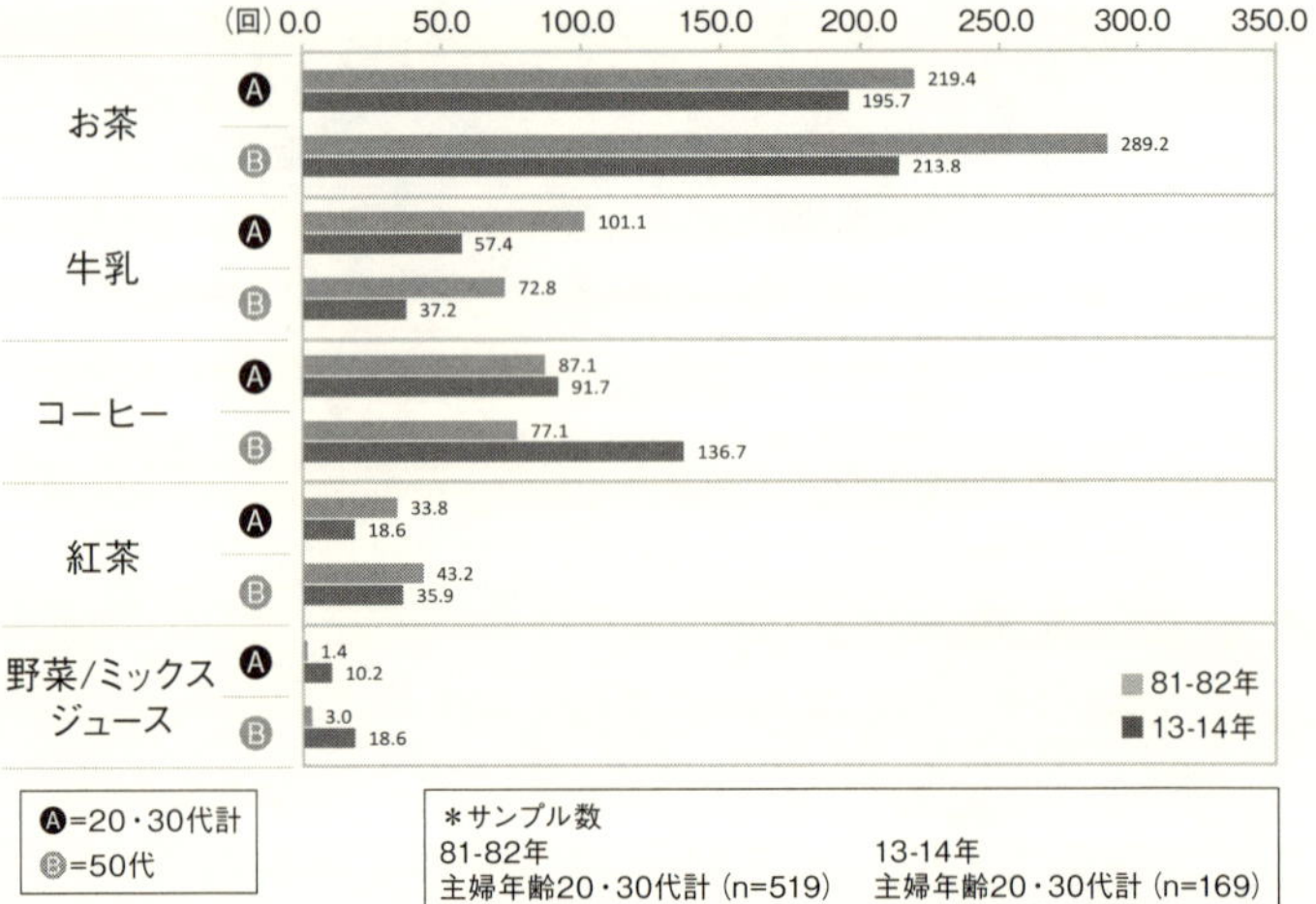

(回) 0.0 50.0 100.0 150.0 200.0 250.0 300.0 350.0
お茶
A 219.4 195.7
B 289.2 213.8
牛乳
A 101.1 57.4
B 72.8 37.2
コーヒー
A 87.1 91.7
B 77.1 136.7
紅茶
A 33.8 18.6
B 43.2 35.9
野菜/ミックスジュース
A 1.4 10.2
B 3.0 18.6
81-82年
13-14年
A=20・30代計
B=50代

＊サンプル数

81-82年	13-14年
主婦年齢20・30代計（n=519）	主婦年齢20・30代計（n=169）
主婦年齢50代（n=292）	主婦年齢50代（n=204）

（MRSメニューセンサスより著者作成）

ジュースが伸びたことが特筆されます。特に、珈琲の年配層の増加は、目を見張るものがあります。スタバなどコーヒーチェーンやセブンカフェの成長とも関係するでしょうね。

図表19は調理形態です。料理を手づくりするという行動については、20～50代まで大幅に減少をしています。作らないからか、1回の食事機会のメニュー数が減少しているというよりは、「1食完結型」の食事になっているものと推察されます。コンビニ、スーパー、Hotto Motto等の持ち帰り弁当屋の充実、さらには、レストランやファストフードが提供するテイクアウト弁当等の増加も一因ですよね。

【図表19　調理形態（100世帯1日当たりの出現回数）】

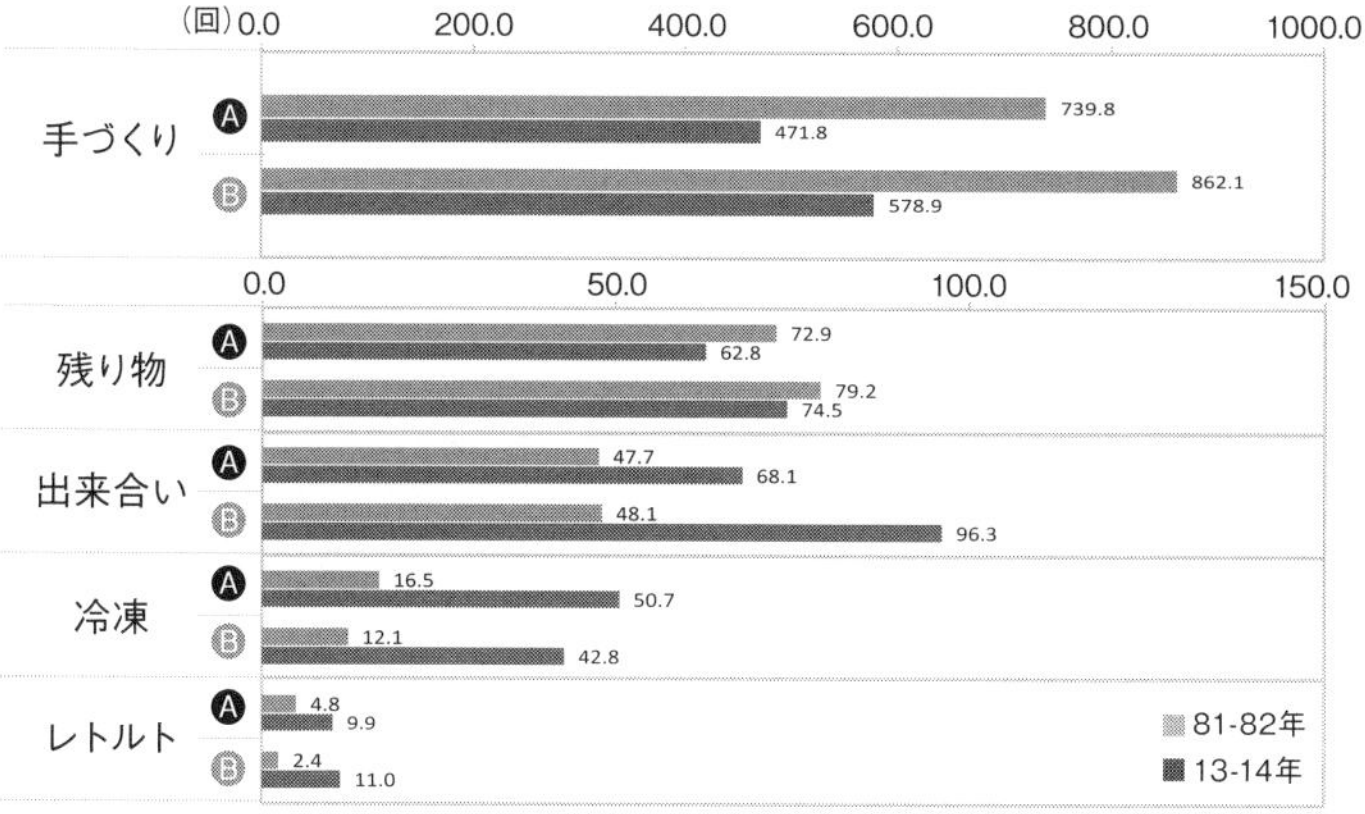

＊出来合は、出来合の漬物は除いている。

Ⓐ=20・30代計
Ⓑ=50代

＊サンプル数
81-82年
主婦年齢20・30代計（n=519）
主婦年齢50代（n=292）
13-14年
主婦年齢20・30代計（n=169）
主婦年齢50代（n=204）

（MRSメニューセンサスより著者作成）

◆料理づくりに関する個別面接調査

年齢、有職・無職、子供の有無、料理の好き嫌いを条件として、16名の個別面接調査を実施しました。テーマは、「何故、お母さんは料理を作るのか」。インタビューの手法はラダリング法に基づいています。

図表20は、子供と同居している50代の女性（有職）の例です。「何故あなたは料理を作るのか、作らないのか」を直接、間接的に聞き取り、ラダリング法を活用して分析しています。

ちょっとここで、ラダリング法について、簡単に触れますね。ラダリング法は、商品やサービス、ブランドが持つ特徴が、

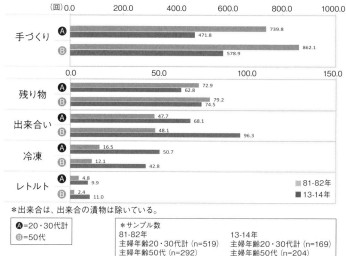

【図表20　ラダリング法による分析例】

メンタルマップ　～なぜ、お母さんは料理をつくるのか～

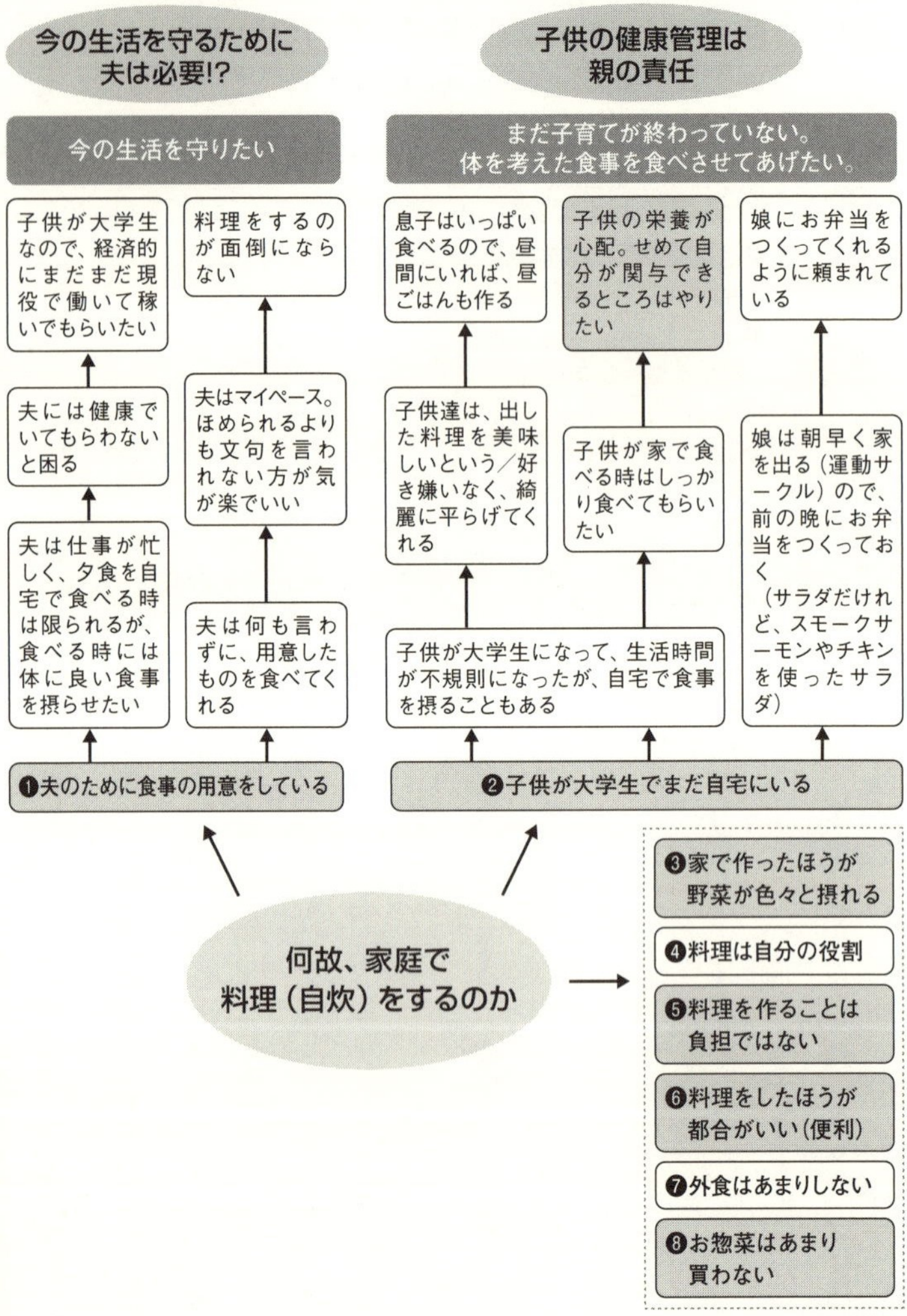

今の生活を守るために夫は必要!?
子供の健康管理は親の責任
今の生活を守りたい
まだ子育てが終わっていない。体を考えた食事を食べさせてあげたい。
子供が大学生なので、経済的にまだまだ現役で働いて稼いでもらいたい
料理をするのが面倒にならない
息子はいっぱい食べるので、昼間にいれば、昼ごはんも作る
子供の栄養が心配。せめて自分が関与できるところはやりたい
娘にお弁当をつくってくれるように頼まれている
夫には健康でいてもらわないと困る
夫はマイペース。ほめられるよりも文句を言われない方が気が楽でいい
子供達は、出した料理を美味しいという/好き嫌いなく、綺麗に平らげてくれる
子供が家で食べる時はしっかり食べてもらいたい
娘は朝早く家を出る（運動サークル）ので、前の晩にお弁当をつくっておく（サラダだけれど、スモークサーモンやチキンを使ったサラダ）
夫は仕事が忙しく、夕食を自宅で食べる時は限られるが、食べる時には体に良い食事を摂らせたい
夫は何も言わずに、用意したものを食べてくれる
子供が大学生になって、生活時間が不規則になったが、自宅で食事を摂ることもある
❶夫のために食事の用意をしている
❷子供が大学生でまだ自宅にいる
何故、家庭で料理（自炊）をするのか
❸家で作ったほうが野菜が色々と摂れる
❹料理は自分の役割
❺料理を作ることは負担ではない
❻料理をしたほうが都合がいい（便利）
❼外食はあまりしない
❽お惣菜はあまり買わない

著者作成

どのようなベネフィットや価値をもたらしているのかを明らかにする定性分析手法です。ブランドの特徴・要素を抽出するだけでなく、それらの要素がどのような繋がりを持って価値を生み出しているのかを、階層構造を持って明らかにすることが可能な手法です。

代表的な質問文として「何故、それはあなたにとって重要なのですか?」～Why is that important to you? という聞き方を活用します。事例を示しましょう。「自動ブレーキ車」を購入した中年女性に、ラダリング法を使って掘り下げてみました。

- 何故、あなたにとって自動ブレーキが大切なのですか……「衝突がこわい」
- 何故、衝突がこわいのですか……「私は運転にあまり自信がない」
- 運転に自信がないのに何故、運転するのですか……「仕事上必要」
- 仕事上運転は必要だから安心して運転できるのは何故大切なのですか……」「わたしは、働かなくてはならない」「事故を起こしたくない」「家族の生活を守らなければいけない」

自動ブレーキという商品機能が、「家族のために私が元気で働き続けることが必要だから」といった価値に変化していくことがわかります。確かに、自分を守るだけだったらそこまでいらないけれど、子供のためにわたしが働けなくなることは死活問題なのです。シングルマザーではないかと思われます。

【図表21　料理をする理由／しない理由①】

料理をする人は食べることが好きであり、「自分の味」へのこだわりも持っている。
自分の味付けが決まらず、外食のほうがおいしいと思うと料理する気が起きない。

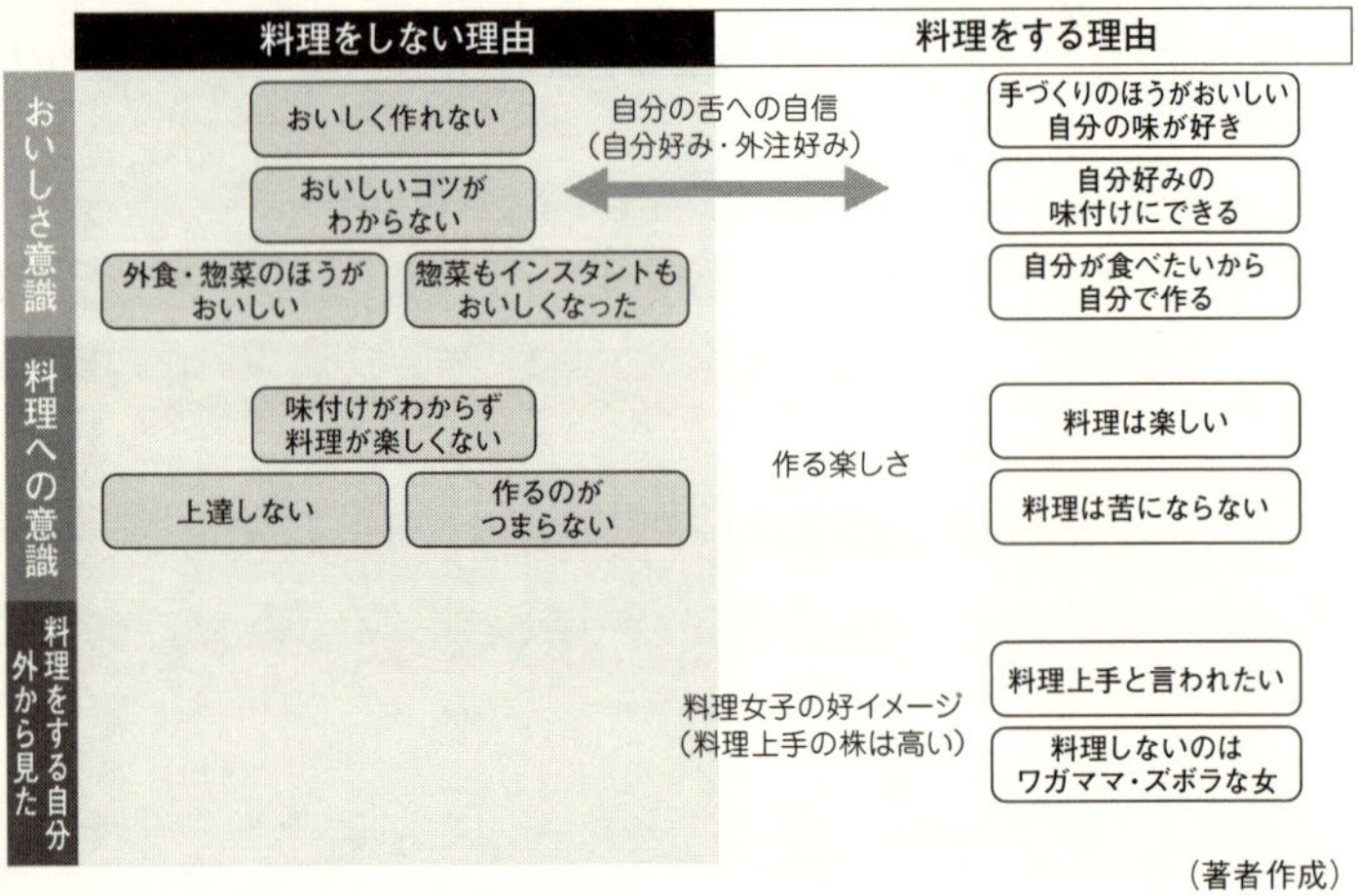

（著者作成）

【図表22　料理をする理由／しない理由②】

料理をする人は料理過程が自分で見える安心感がポイントになるが、しない人にとってはどの過程も「面倒」なものととらえられる。
毎日の食事のことであり、家計も意識され料理されている。

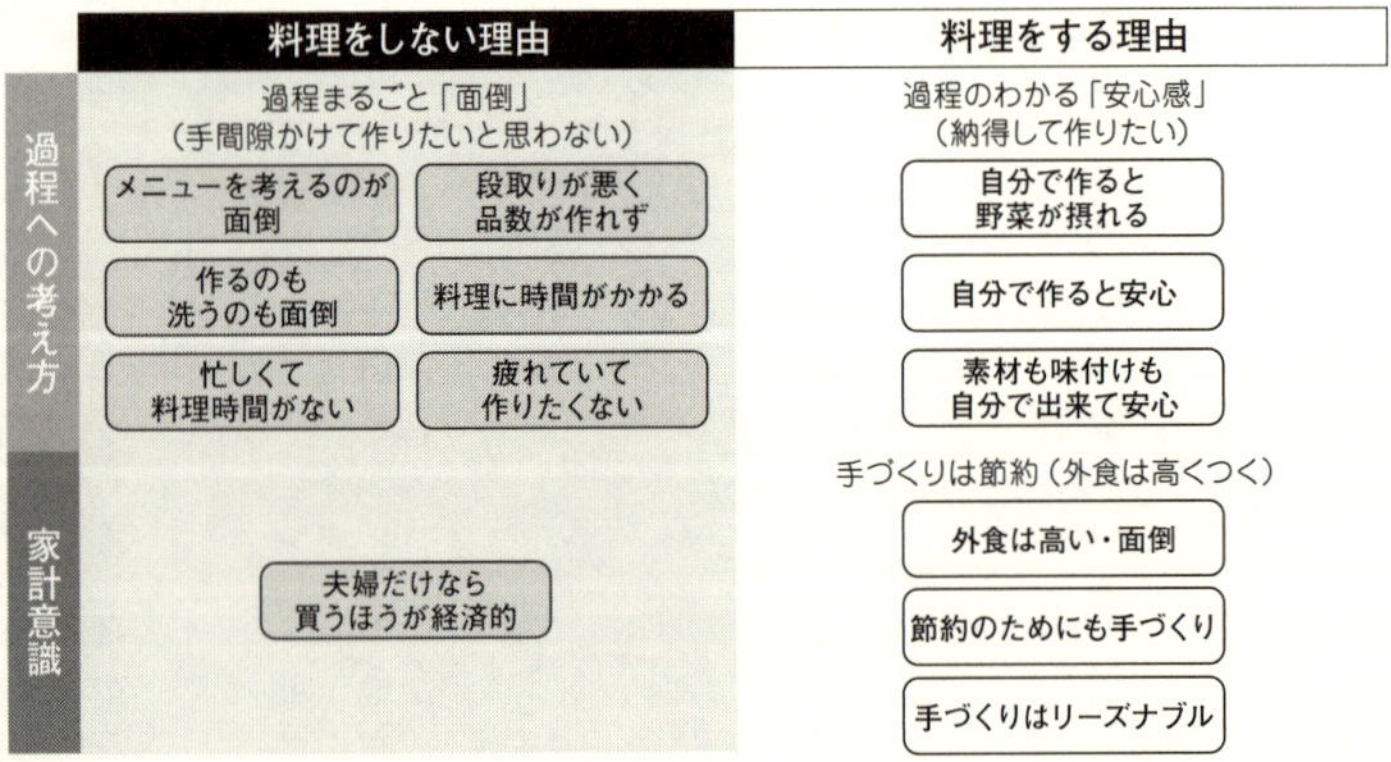

（著者作成）

個別面接調査で得られた16名の分析結果から、料理をする理由／しない理由について導き出した骨子を、**図表21**、**図表22**のようにまとめました。実は料理をしないのは、料理をする時間やヒマがないのではなくて「できない」のではないかと仮説立てができます。

◆調理行動を促進する要因と阻害する要因

次ページの**図表23**は、調理行動を促進する要因と阻害する要因のモデルです。

結婚した当初は二人仲良く、一緒にいる時間が長いため、奥さんは料理づくりにチャレンジしました。また、夫婦で調理すると、食べることを楽しむ状況も増えるようです。当然、外食することも多々あります。

しかし、そんな生活は子供の誕生とともに一変します。人生の中で女性にとって、いや夫婦にとっての最大のイベントである子供誕生は、生活を一変させます。母として、子供に「体に良いもの」を食べさせたいという意識が強くなり、一般の普通の生活をしているお母さんなら、「できる限り自分で手づくりした料理を子供たちに」と考えますから。

子供が増え、子供の成長とともに、家族と一緒に料理を作ることがモチベーションになりますし、ましてや「おいしい」とほめてもらえることがあれば、さらに増幅されます。しかし、料理づくりには、「料理が好きか嫌い、上手か下手か」ということも大きく関与します。「自分

【図表23　調理行動を促進する要因と阻害する要因のモデル】

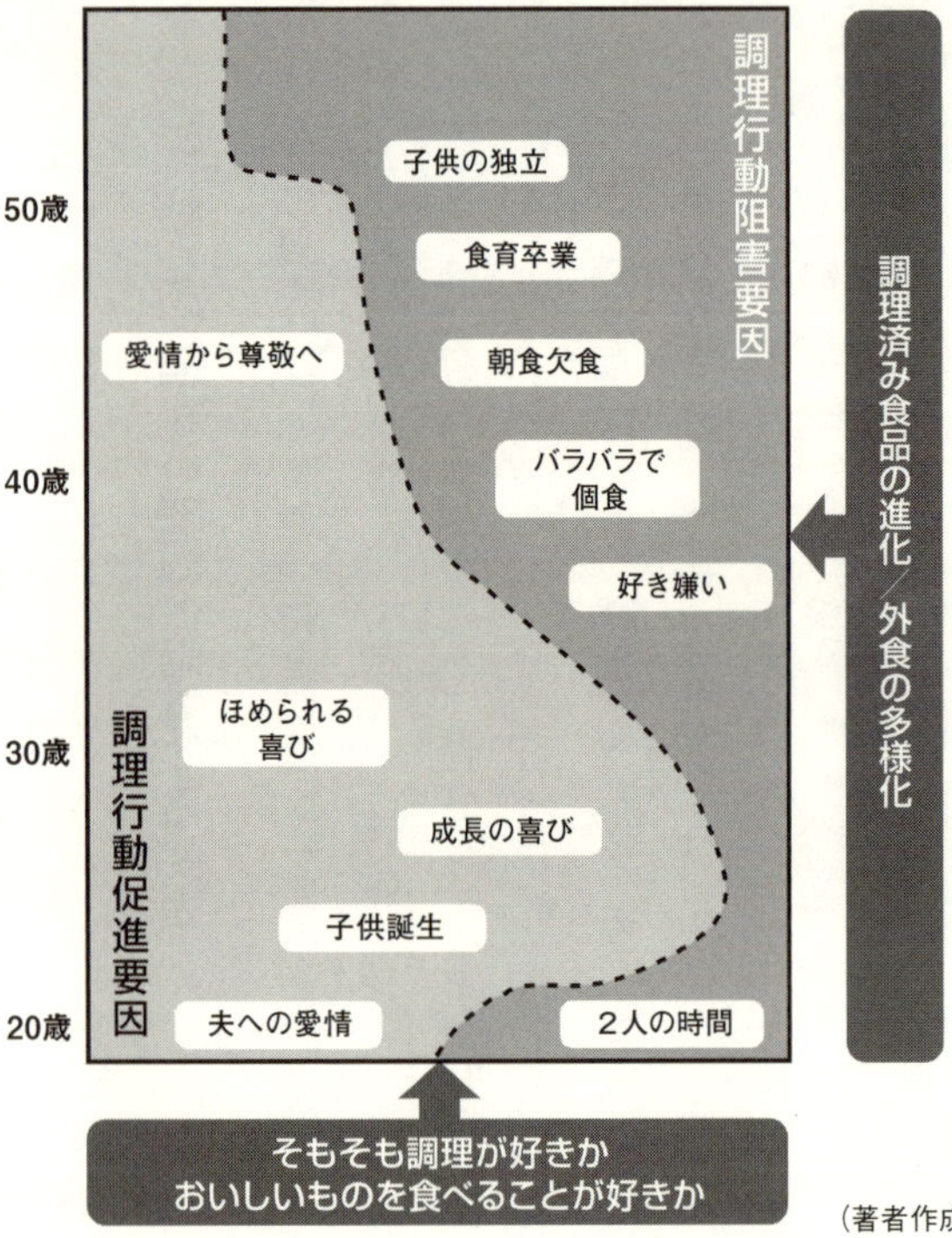

（著者作成）

の母親が料理上手であったか、料理を作ったか」が強く影響しているようです（**図表21、図表22**参照）。

子供に好き嫌いが出るようになると、「子供の気に入ったメニューを作らねば」という意識と、「嫌いなものをなくしたい」という意識が葛藤します。また、子供が習い事や部活動を始めると、家族の食事時間がバラバラになって、その都度作ることは肉体的にも精神的にも負担となります。さらに子供が大学生・社会人になり独立すると、料理を作ろうという意欲は、急激に衰退します。しかし、子供が同居している場合は、お母さんが料理を仕方なくても作り続ける大きな要因です。夫のためではなくて。

根本的な要因として、「そもそも調理が好きか」「おいしいものを食べることが好きか」という要素があげられましたが、さらに近年では、調理行動を阻害する外的要因として、調理済み食品（主にお惣菜）が進化し、わざわざ作るよりも時間短縮できることや、外食が多様化し、時間を問わずおいしく、しかも廉価な料理を食べることができるようになったことがあげられます。家庭を支える産業は、お母さんが作らなくてもよい方向に、さらに、一人暮らしでも困らない方向に進んでいることは確かです。

考えてみれば、この数十年、食品業界に携わってきたサラリーマンたちは、「お母さんが料理をつくらなくてもよい社会」また「子供たちが結婚せずに一人暮らししても、食べることに困らない社会」を実現するために邁進してきたのですよ。だから、子供たちは、結婚しない、結婚してもお嫁さんは働くから子供を作らない、作っても遅くなるのではないでしょうか。

◆お母さんが料理を作るわけ

何故、お母さんは、料理を作るのでしょうか。その最大の理由は、当たり前ですね、「子供のため」なのです。子供のために、しっかりと食事の準備をすること、これは、差異はありますが人間だけではなくて動物も同じですよね。あらゆる動物に共通、遺伝子に組み込まれていること。だから子供のためにつくらないお母さんは、やはりどこか精神面で問題があるのではないでしょうか。

逆に子供がいないどうなるか。そう考えると、今後日本は、急速に超高齢社会になるとともに、子供の数とその割合が激減するのですから、食の領域の行方が気になります。

意外に大切なことですが、「家族仲良し、夫婦仲が良好」であることも、お母さんが料理を作る条件です。仲の良い新婚家庭、何か月続くかどうかわかりませんが。そして「家族人数が多い」ことも大切な要因です。そこにはコストの問題も出てきます。「作らざるを得ない」というのが本音です。その他の要因として、「家族の生活時間　すれ違い」が多く日常的な食卓を囲む頻度が少なくなってきていることが挙げられます。

料理好き、得意不得意、健康に関心が高い低い等も要因であり、たとえば、栄養士さんはその代表です。以前栄養士さんに聞きました。栄養士の資格を持っているお母さんは、意地でも、食生活で家族を病気にさせられないと言っていました。納得です。

よく耳にすることに、「仕事があって忙しい」「外食や惣菜のほうがおいしいし経済的」、だから料理は作らないという意見が多いのですが、実は、料理が出来ない、もしくは上手くないのではないでしょうか。

現在のお母さんたちの料理に対する気持ちと社会的な背景から、今後の家庭内食業界を予測しますと、「結婚しない若者　だから　家庭増えない　シングルの増加」「結婚しないから、肝心の子供人口が増えない」「家庭を持っても家族人数は少ない　子供のいる世帯、家庭の減少」「母親が働くことが当たり前、時間がないという理由が通る」「母親が料理しないから子への伝承がない」だから料理下手、料理の出来ない人たちが、ますます増えます。

家庭の食は、「料理する」から「食事を選ぶ」時代に進み、家庭で調理することを前提とした食品の需要は、加速度的に低下していくと予測されます。

これからの時代に、日本の食品メーカーは、どこにいくのでしょうか。川上へ、核となる素材、安全な原材料の確保をもとめ、農業等の第一次産業へ向かうのでしょうか。それとも川下へ、惣菜、弁当、外食、中食、業務用等、サービス業等の第三次産業ということになるでしょうか。このままでいいのでしょうか。

第5章

食の心理学という視点の宝探し

マーケッターたる者、タテ・ヨコ・ナナメ、いろんな角度から世の中を見ていなくてはなりません。人はどんな気持ちでものを食べるのだろうといった、根本的な視点に立ち返って周囲を見てみると、食の心理学を研究されている方々がいます。そこに宝は埋まっていないか。そんな思いも持ちつつ、食の心理学研究の有識者の協力を得て、食における心理、こころの側面について、現在、学術的にどの程度研究されているのか整理してみました。

わたしが、マーケティングリサーチを業務として始めた頃に、心理学の大切さを教えて下さったのが、㈱ガウス生活心理研究所の故油谷遵先生でした。「マーケティング・サイコロジィ」という先生の本をいただき一所懸命に読んだのを覚えています。今でも、書斎の本棚の真ん中に座っています。わたしは、もともと農学部で、食品の分析をしていましたので、人の分析とは共通項がありました。定性、定量ともに、モノもヒトもよく似ていました。唯一違うのは、モノは嘘を言いませんが、ヒトは嘘を言うことですかね。

心理学は、マーケティングリサーチを実践していく上で、もっとも学習すべきことです。何故なら、調査対象がヒトであるからです。ヒトの心の側面から宝探しをトライしてみます。

食については、古くからの言い伝えや、慣習がたくさんあります。しかし、調理を科学的に解明してみると、昔からの方法が間違っていることも発見されつつあります。実は、食についての科学的な解明、学術的解明は、まだ始まったばかりです。食の心理についても、先人の言葉だからといって正しい訳ではないですし、現代だからこそ現れた心理もあるかもしれません。食品の開発者にすれば、宝があると感じたらすぐに商品化を考えたいので、研究者の「実験して証明する」という手順を待っていては、のんびりし過ぎだと言いたくなるのもわかります。しかし、ヒトという基本に返ることの大切さを、忘れないでください。

わたしは、食の心理学研究の有識者の協力を得て、食心理・食行動学の学術的成果の確認を試みてみました。あらゆる文献の収集と分析を試み、どのようなジャンルが研究されているのか、どのような学説が通説となっているのかをまとめてみました。

文部科学省では、「人文社会系」の社会科学分野に「心理学」という分科を定めています。その中でも食に関する学術アプローチについて研究されている方々から、今回四名の食の心理学研究の有識者を選び、ご協力願いました。

ちなみに文部科学省の定める「総合・新領域系」総合領域分野の「生活科学」という分科には、最近急増している料理研究家にとって興味深い「家政学」などが含まれています。

今後は心理学と家政学を結び付ける等、食というテーマにおいて「系」を超えた学術的連携も期待されています。もちろん、「生物系」においては、食品科学や、医学的研究が進んでいることは、言うまでもありません。そこでの新発見もまた、食の心理学における最先端の知見に新たな知見追加をもたらすものです。

【図表24　食の心理学における学術的知見～総論】

■食品メーカーのマーケティングに応用するという視点で、食の心理学に関する文献情報から、以下のような構図が浮かび上がった。

食による社会的自己の調整　①ステレオタイプ　②共食者　③孤個食

※注目される**4つのキーワード**

ストレスと渇望…渇望とダイエット（摂食抑制）、ストレスの関連

予期…経験と学習
錯覚（錯視）…食品の見かけ、印象
…… **予期と錯覚に関係して**
①適切、典型、馴染み
②表現、文脈
③見え方、ラベル、ブランド

多（異種）感覚連合…視覚、嗅覚、触覚などの連合
…… **感覚に関係して**
①脳神経的アプローチ
②その他

味の評価

（著者作成）

どの学術分野においても、食に関してまだ明らかにされていないことが多数あります。そうしたことは、これからの研究に期待するとしましてまずは前に進みましょう。

ここでは、お客様を正しく理解するために、学術的な研究を学び、日々のマーケティングリサーチの結果の解釈に、また、商品企画のコンセプトづくりに、活かしていきたいという思いで、**図表24**にその全体像をまとめてみました。今まで気づかなかった、新しいコンセプト、新しいコミュニケーション手法や新しい表現コピー等の価値の発見を目指しています。

心理学の専門分野の言葉は、難しいので、できるかぎり優しい表現に手直ししてまとめています。キーワードとしては、「社会的自

己調整」「ストレス」「渇望」「予測」「錯覚・錯視」「多感覚適合」等の分野が挙げられています。まだ、難しい言葉が多く、堅いですね。

以下に、できるだけわかりやすく整理した内容は、食の心理学の文献から得られた知見をまとめたものであり、内容については、食の心理学研究の有識者四名のご指導をいただいております。定説と考えていいのではないでしょうか。さあ、少し、食の心理学の世界を覗いて、宝探しをしてみましょう。

一　人からどう見られるか（社会的自己の調整）

食べる人の心理としての基本は、食べるという行為が、その人の『社会的な調整行動』に結びついていることにあります。調整行動とは、わたしは何者で周りの人にどのように見られるかを意識しているということです。

人の社会的調整行動は、一般に多くの人に浸透している考え方、態度や見方が重要な判断基準となっています。特に、食べる場所に誰かがいる場合、「人にどう見られたいか」「その人とどういう関係でいたいか」ということが食行動に現れます。その強さは人の性格にもよりますが。

お母さんは、料理を作らなくてもよくなってきていますが、このことは、作らなくてもよい食品が多く出回っていることと同時に、作らなくても何とも思わない人が増えてきていることも確かなのです。人からどう見られるかということに無頓着なお母さんが多くなったのですよね。でも子供たちのために料理を作ってあげてほしいものです。

しかし、最近のセブン&アイのテレビCMを見ていたら、コンビニで夕食の買い物をすることには、うしろめたさなどなくなりますよね。さらに、若い女性も人からどう見られてもかまわないという意識が強いのでしょう。電車の中で、化粧したり、食事したり、髪をセットしたり、わたしの感覚ではいやはや困ったものです。このことは、立ち食いソバや牛丼屋に、若い女性が一人で入れるのとも共通します。

孤食（個食）の場面においても、食べることの結果として「どんな自分になりたいか」という意識が、食行動に影響しています。例えば女性で、美しいスタイルに、より過度な認識を持っている多くの人は、そのことが摂食障害に結びついていきます。若い女性は、太るといやだから「ご飯」は食べない。しかし、「ご飯を食べなかったから、アイスはいいわ」という意識もあるのでしょうね。

また、人間は雑食性動物ではありますが、子供の食わず嫌いのように、大人であっても、初めて食べたり飲んだりするものに強い警戒心や恐怖心を持ちます。このことを心理学の分野では、「新奇性恐怖」というのだそうです。
わたしは、今まで、仕事で海外に行くことがありましたが、よくこのことを経験しました。新しいだけでなく、安全かどうかということも警戒心につながりますね、特に海外ではね。「新奇性恐怖」という考え方は、面白いですよね。本当の新製品は、なかなかお客様にトライされにくいということです。すぐにトライされる新製品は、新しくないということでしょうか。

宝探しのキー：⑰　人から見られることを前提とした食品

電車・バス、駅のホーム、小売の店頭や路上など、若い人たちがところかまわず何かを食べているシーンによく出くわします。これを逆手にとって、人から見られても恥ずかしくなく、逆に、かっこいい食品という可能性はないでしょうか。

二　ステレオタイプ

人の社会では、体に良い食品と悪い食品という『ステレオタイプ』が存在するようです。ステレオタイプとは、元々、社会学用語であり「紋切り型態度」とも言うようです。個人を特定集団の構成員として分類して、その特徴を決めつけ固定的に捉えるということですね。「人の先入観や思い込み」や「無意識下の人の行動を捉える」という心理学上の大きなテーマだそうです。どんなステレオタイプが存在するかは、宝探しの参考になりそうですね。

「良い食品」を食べる人は「良い人」と思われやすい。また、消費者は、「健康食品は、体に良いがおいしくない」と考える傾向が強い。これらのことが払拭できれば、宝が生まれそうですよね。

食べ物のおいしさを評価してもらう時には、悪いステレオタイプとして認識されないようにしなくてはならないですよね。情報や先入観等の認知的要因がおいしさに影響します。典型的な摂食者像に関するステレオタイプをあげてみます。

ビタミン・ミネラルが豊富な食品は「良い食品」と見られている可能性が高いです。一方、カロリーが高い食品、脂肪や塩分の高い食品、添加物を使用している加工食品は、悪い食品とみられていることは確かですよね。だから避けようとする人たちは確実に存在します。

一方、オーガニックは、「高品質感」だけでなく「高価格」イメージを持っていますが、おいしくないという感覚もありそうです。だったらオーガニックでおいしくて価格がリーズナブルなら受容される可能性は高いと思われます。

性別で見ますと、牛丼は「男性が食べるもの」、カレーも男性が食べるもの、スパゲッティ、スイーツや低カロリーなものは、「女性が食べるもの」ということになります。でも最近は、これらはステレオタイプではないかもしれませんね。「男性の女性化」と「女性の男性化」が確実に進んできています。

日常行動の性差が消失していくと、そこに新しいマーケットが現れるように思います。話は飛びますが、「中国の食品は、不安。（中国の食品は、中国人でも不安）」というのもステレオタイプになりますね。

他にも、味覚、おいしさは、経験的に学習され、ステレオタイプに結びついていくものと思います。新しいステレオタイプを探索するということは、新しい製品を探索する上で大切かもしれませんね。また、ステレオタイプを否定すると、新しいターゲットや製品が生まれる、ということです。新製品開発でのターゲットの設定やコンセプト開発を進めていく上では、ステレオタイプという視点は宝探しの一つの方向だと思います。

どんな自分になりたいかという意識の中では、健康・美容は、大きなテーマですし、最近では現代人の健康維持増進への圧力は、高まっています。「健康や美容に悪い食のステレオタイプ」は、過剰な健康美容意識の産物であり、注意が必要ですね。

ステレオタイプは、正しいかどうかとは別なので、よく見極めが必要です。粉モノ、すなわち、「でんぷん質糖質は太る」というステレオタイプがありますが、でんぷん質糖質は、人にとって大切なエネルギー源、問題は「適度の運動をしない」ところにあるのに、食品のせいにするのはあまりにも無知なのです。困りましたね。

宝探しのキー：⑱　おいしいものは、体に良くて人の健康に貢献する

健康によい食品は、おいしくないということが常識になっていますよね。この既成概念を打破するところに、新しい道が開けるはずです。

健康食品は、頭で食べるから多少おいしくなくても良いと、企画者は考えがちですが、大きな間違いではないでしょうか。リピートを期待、差別化のためには、おいしさは必須です。もちろん、効果があることは当然ですよね。「おいしいものは、体によくて健康に貢献する」が理想ですね。だから花王さんの「ヘルシア」はおいしくないですよね。効果実感がないとリピートはだんだんとこなくなると思います。そしておいしくないことが目立ってきます。

三　誰と一緒に食べるかで行動が変わる

「食べる場面に誰がいるか」「一緒に食べている人がおいしそうに食べているか」等、誰と食べているのか、周辺にいるすべての人も含め、その人たちに「どう見られたいか、どういう関係でいたいか」ということが食行動を規定していることは、心理学の定説のひとつです。

すなわち、誰と一緒だと、人は、楽しくたくさん食べてくれるのでしょうか。大切なテーマです。誰と食べるかで食べる量が変動します。子供たちは特にはっきりしていますが、もちろん大人も同じです。食事を一緒に食べる人が増えると、食べる量が増えます。子供ならなおさらであり、幼稚園児は、幼稚園で食べる昼食が一番たくさん食べるのだそうです。

家では、一人で食べている、もしくは、お母さんと二人で食べているのでしょうか。それとも、託児所、保育所に預けられているのでしょうか。一人では子供はちゃんと食事をしないケースが多いそうです。子供たちに食事の時間が楽しくなるような社会の仕組みが、できないものでしょうか。子供たちの心と体の健康のために。

次に女性、特に若い女性だと思いますが、男性と一緒だと低カロリー食を選びやすいそうです。意識し過ぎですね。また、女性は、スリムな女性と一緒に食べると摂食量が減るのだそうです。劣等感があるのでしょうか。ところが、女性は恋人と一緒に食べる時、最もたくさん食べるというデータがあります。これは、実に面白いですね。一方男性は、友人と一緒に食べる時、最もたくさん食べます。

男女とも、知らない人と一緒だと、最も食べる量が少なくなるのだそうです。知らない人と一緒だと、何か気持ち悪いし、食欲がわかないし、楽しくないからですよね。楽しいということが、食事をおいしくし食欲を増進するのです。

おいしそうに食べている人を見ると食べたくなり、子供は、野菜好きな子供と一緒に食べると野菜が好きになっていくそうです。幸せそうな表情で食べている人がいると、その周りにいる人の食べる量が変動します。やはり、一人で食べるということは、食べる量が少なくなるのでしょうね。

日本の社会というか家庭は、一人で食べるシーンが多くなっていることが食品の総需要を抑え込んでいるとわたしは思います。

面白いですよね。これらは、製品開発というよりも、お客様とのコミュニケーションをどうしていくか、ということに役立つように思います。たとえば、子供たちがおいしそうに野菜を食べている姿をコマーシャルで流しつづけたら、はたして、子供たちに態度変容が起こるのでしょうか。

まとめてみますと、同席者が、同性か異性によって心理は大きく変わり、一緒に食べている人と自分がどのような関係にあるかにもまた、食行動を決める要素です。

特に、「女性は恋人と一緒の時、一番たくさん食べる」は、なるほどと思わせる心理的な状況を感じ取ることができます。これらの知見は、先ほども言いましたが、お客様とのコミュニケーションのあり方を考えていく上で、大切であり、お宝が潜在していると思いませんか。

一方、関係性を重視する必要のない代表的な場面である、「家庭の食卓」。これは非常に興味深い対象ですが、まだ、そこに焦点を当てた心理学的知見が少ないのは事実です。

食品メーカーの大切な課題でもあります。「家庭内孤食」「個食」「団らん」。食品メーカーは、会場で行う、意識実態、味覚やパッケージの調査だけではなく、家庭の食卓、家庭のキッチンで起こっていることをしっかりと把握することが大切ですね。特に開発に携わる人たちは。

心理学の知見は、いずれも実験的であるにせよ、リサーチを行った結果であり統計的な手法により、分析し考察されたものです。「何となくこんな気がする」ではありません。

宝探しのキー：⑲　シーンを創造する

「子供たちがおいしそうに野菜を食べているシーン」「スリムな女性がおいしいそうに食べているシーン」「たくさんの人たちが一緒に食べているシーン」

「野菜の嫌いな子供たち」「ダイエットしたい若い女性たち」に、いかにたくさん食べさせるかは、マーケット拡大のキーですね。たくさんの人と一緒に食べるシーンの創造も食需要拡大のキーですね。

四　孤食と個食：楽しくない食事

自宅で、ひとりで食べる『孤食』の場合は、心理学分野では、人にどう見られるかではなくて、「日頃からどんな自分になりたいか」という意識が、食行動に大きく影響するのだそうです。そして、ひとりで食べるとおいしくないのです。いや、おいしさの度合が低くなるのだそうです。（孤食心理）

楽しくないことがおいしくない原因のひとつだと思います。したがって、ひとりで食べるシーンが多くなることは、マーケットにとってプラスの方向ではないことは事実です。しかし、これから日本は、さらにシングル化が進みます。また、一緒に暮らしていても、お父さんは残業、子供たちは塾に部活にお稽古事、そして、お母さんが働いていれば、バラバラな食事になりやすいことは明らかです。人にとって大切な食、食のあり方、食スタイルの大幅な変更がないと、是正は難しいです。

本当に食の大切さを伝えたいですね。「食べることが楽しい」「楽しい雰囲気で食べられる」「笑顔が出るほどおいしい」と、どうすればお客様に言わせることができるのかがキーですよね。そうすれば　お宝につながる新しい鉱脈が見えてくるかもしれません。

また、外食においても女性がひとりで食事しているシーンが当たり前になってきました。ひとりという状況でも「見られている」という意識が強く働くかどうかは、ひとりで外食できるかどうかにつながる大きな要因です。しかし、もう女性の中に、ひとりで外食することへの抵抗感はなく、それよりも、安くて便利で短時間で食事を済ませるほうが優先で、ひとりで食べているところを人に見られても、恥ずかしいと感じない人たちが多く現れてきていることは確かです。

実はひとりで外食はしたくないけど、しかたなくしているという人も多いはずですよね。電車の中で食べる、化粧する、歩きながら食べる、ひとりで吉野家に入る等、もう女性だからということは関係なくなってきています。先ほども述べましたが、性差の消失の一面ですね。

次は、「共食下の『個食』」というシーン、すなわち、一緒の食卓で食事している場合なのですが、食べるものは家族によって別々であるというシーンが、増えているということです。

個別に食べることを選ぶという過程が存在しており、供食者、共食者との関係も含めた心理要因が複雑です。このようなシーンでは、お母さんは、たいへんですよね。なんとわがままな家族、そんなことをよく子供や夫に許しているなと思います。

これも豊かさが背景にありますね。お母さんは、当然すべて自分で作れないですよね。したがって、お惣菜や弁当に頼ることは仕方ないことなのです。お母さんは、子供たちが、ぐずぐず言わずに食べてくれることが大切なのです。特に、幼児に対してこのような傾向が強く、お母さんは、少し子供に迎合しすぎていると思いますが、みなさんはいかがお考えでしょうか。
お母さんは、子供のためならまだ料理を作ります、いや、食事を用意します。でも、子供が少ない日本は、将来的に致命的かもしれませんね。料理を作ることだけでなく、食卓を囲まない家族は、本当に家族でしょうか。食は、親子の関係をつなぐ大切な行為だと、わたしは考えます。

宝探しのキー：⑳　子供が喜び、もりもり食べてくれる栄養バランスがとれた料理

お母さん・お父さんが料理して、子供が、笑顔で、もりもり食べてくれるのは、どんな料理なのか。そしてお母さんも喜ぶ料理とは、栄養バランスがとれた健康食とは、食卓が笑顔になることが最大の目的ですから。

五　あなたは、あなたが食べたもので、できています

テレビＣＭではないですが、「あなたの体」は「あなたが食べたもの」でしか維持できないのです。あなたの今の体は、生まれてから今まであなたが食べ続けてきた、飲み続けてきた結

果です。だから食事を大切しましょう。

いろいろな雑誌にテレビに、「ダイエット」という言葉がよく出てくることは、みなさんもおわかりだと思います。テレビCMや通販の番組等、ダイエット商品ばかりが目に付きます。ダイエットとは、豊かさの象徴のようなものですね。その裏にある真実は、食べすぎで運動不足なのではないでしょうかね。運動しないダイエットは、不健康だとわたしは思います。

今長生きしているおばあちゃんたちは、若いころから、家事・炊事をすることで自然に全身運動していて、エネルギーを消費していたのではないでしょうか。わざわざお金を出してスポーツクラブに行くより、家がきれいになって自分はダイエット。素晴らしいですよね。

心理学的な側面からは、「無意識的な食行動が肥満を生む」「食べることを意識していけば肥満になりにくい」と言われています。だから、毎日毎食、「何を食べるか」を意識することが、ダイエットを成功させるポイントなのです。

わたしは、約3キロ減量するために、毎日のごはんの量のうち、お米、パン等の量を意識して半分にしました。半年かかりました。ウエストも82㎝から79㎝に。休みはウォーキング、平日は、なんとか一万歩を達成しないと家に帰らないなんてね。これを実行するのもたいへんですけどね。もっと極端には、回転寿司に行くときは、必ず、ご飯半分を除けて食べています。これで結構カロリーカットになりますよ。

女性、特に若い女性は、美しいスタイルに、「より過度な認識」を持っているのですが、それが行き過ぎて摂食障害に結びついてしまうケースが多くあることが懸念されています。マッチ棒みたいな脚をした若い女の子を見るにつけ、わたしに言わせれば不健康で、魅力的な女性には映らないのですが。

人は一日200回程度、食べるということで意思決定しているそうですが、肥満者は何を食べたかよく覚えていないのだそうです。また、ダイエットに失敗する人は、ダイエットのいろいろな方法にチャレンジすることが目的になってしまっています。ブームに乗りやすいということですよね。

企業からみれば、調査をすると、ダイエットは、強いニーズがあります。本当にそうでしょうか。当たり前です、調査すれば、どんなカテゴリーでも「ダイエット」「低脂肪」「低カロリー」「減塩」「低糖」「無添加」は、高い評価が出やすいことを、よくよく考えておかないといけませんね。

意識は、確かにそうなのですか、行動は違うのだと思います。

ダイエットは曲者です。何故ならば、目標を達成すれば終わりですし、継続性が少なく、移り気です。うまくいかない時は、ダイエット食品が原因であるかのように言われてしまいます。ダイエットは、何か特別の食べ物を食べてできるものではありませんよね。もしそんな食品があるのなら、それは毒物かもしれませんね。

ここで、少しデータで見てみましょう。「男性のメタボ化」「女性のスリム化」というテーマです。国民栄養調査の結果を1975年以降のBMI値の変化を男女別年齢別にグラフ化したものです。なお、BMI値とは、第3章の六でも述べましたが、手軽にわかる肥満度の目安です。わたしは、23・5で標準でした。


BMI（Body math index）＝体重kg÷（身長m×身長m）

計算機で入力するには、体重÷身長÷身長のほうが便利ですね。

基準はというと、18・5未満が『やせ』、18・5から25・0が『標準』、25・0から30・0が『肥満』、30・0以上は『高度肥満』となります。

最近の研究では、中高年は、やや肥満気味のほうが長生きということがわかってきているようです。次ページのグラフ（**図表25、図表26**）は、広島修道大学の今田教授に教えていただいたものです。

男性は、一貫してどの年代でもBMI値が上昇してきたのです。一方女性は、若い世代は、

【図表25　女性の過去のBMI値の推移】

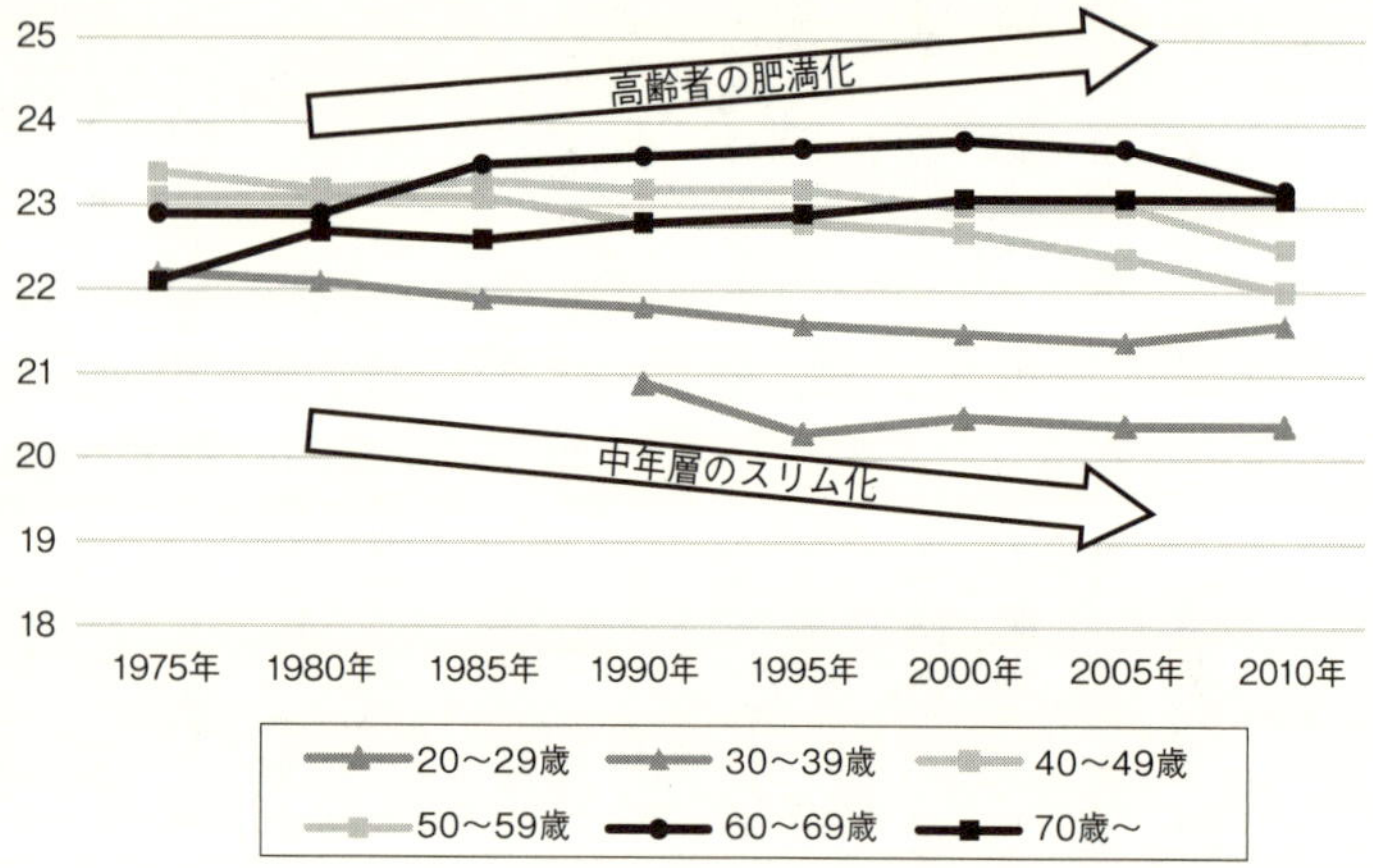

（厚生労働省　国民健康栄養調査より著者作成）

【図表26　男性の過去のBMI値の推移】

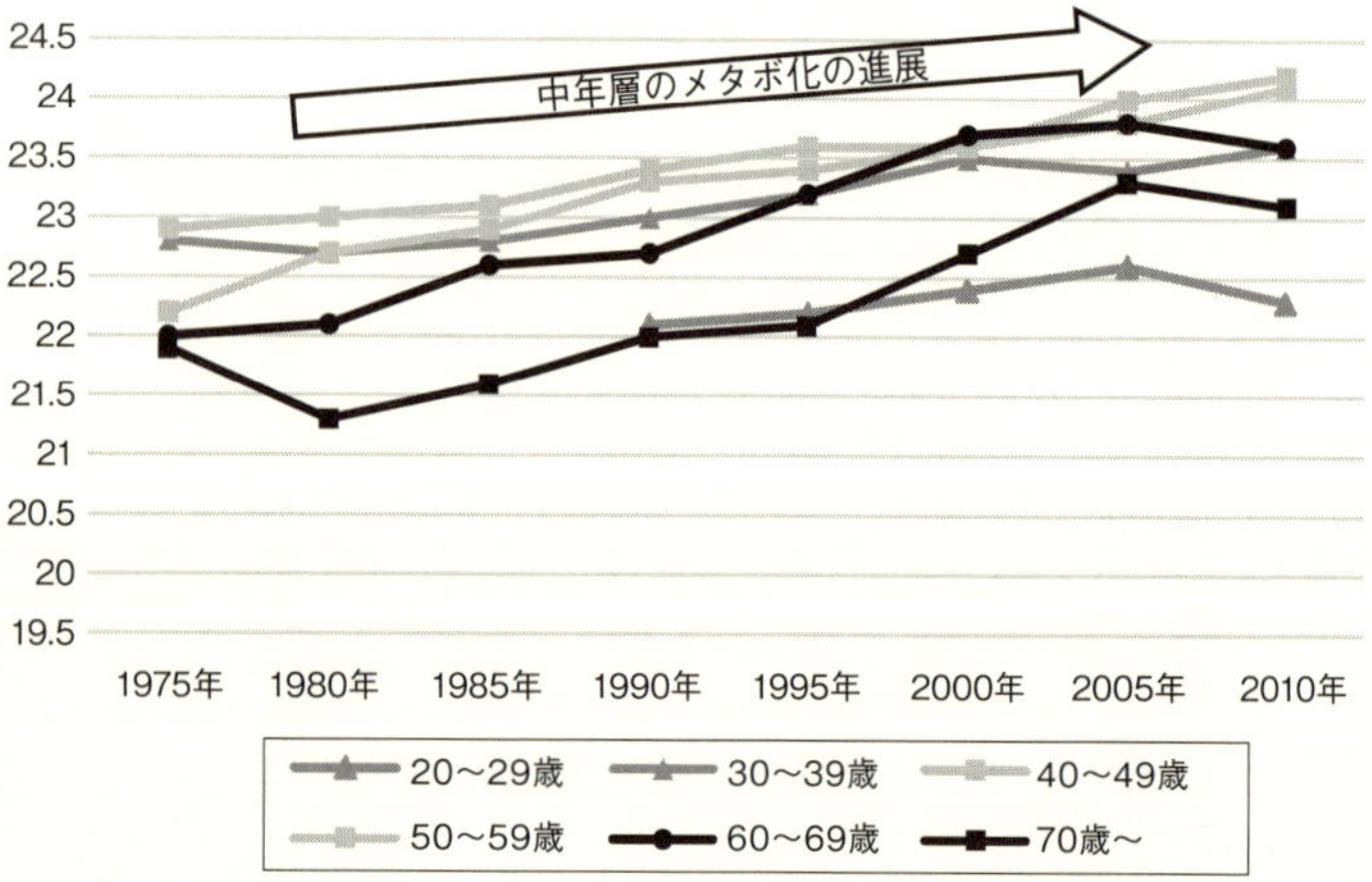

（厚生労働省　国民健康栄養調査より著者作成）

一貫してやせ型に、50歳を越えるとやや肥満化傾向が高くなってきています。今の女性の心理がよく表れていますよね。男性は、あまり体重や肥満を意識せずに、いつもお腹一杯食べています。またお酒を毎日飲んでいます。基本は運動不足とカロリーの摂りすぎの結果であることは、あきらかですよね。

繰り返しますが、あなたの今の体は、生まれてから今まであなたが食べ続けてきた、飲み続けてきた結果です。

アメリカのマーケティング関連の雑誌に、「もしあなたが、健康的にダイエットを成功したければ自分で料理を作りなさい」とありました。いいコンセプトですよね、毎日の食事を意識しなさいということでしょうか。

宝探しのキー：㉑　ダイエットは、家事と運動、そして食べるタイミング

家事を毎日することとは、軽い全身運動ではないでしょうか、食事づくりは、ぼけ防止だと思います。ダイエットをしたければ、家事をしっかりして自分で料理を作りなさいということですね。運動効果は、食べるタイミングとの関係が大切。家事は本当にスポーツですね。

六　ストレス解消は、現代人の最大のテーマ

ストレスを感じている人は、食欲が低下し、食べる量が減少します。そうですよね、ストレスを強く感じている人は、楽しくなく気が滅入っているから、食べない、食べてもおいしくないのです。

ストレスには、いろんな原因があり、また、本人が、気が付いていないケースが多く、また、他人にストレスをかけている人も、そのことに気がついていないから、なおさらややこしいのです。

平成22年国民生活基礎調査に、悩みやストレスについての調査結果がありますから少し引用します（**図表27**）。

日常生活での悩みやストレスの有無別構成割合は、「ある」と答えた人は46・5％、「ない」と答えた人は42・6％で、年齢階級別にみると、男女ともに「40～49歳」が最も高く、男51・2％、女60・6％です。悩みやストレスがある者を性別にみると、女性が高くなっています。

図表では示していませんが、主な悩みやストレスの原因を、性、年齢階級別にみますと、男女とも「12～19歳」は、自分の学業・受験・進学、「男・50～59歳」、「女・40～49歳」はお金

【図表27　ストレスがある人の割合　性・年齢階級別】

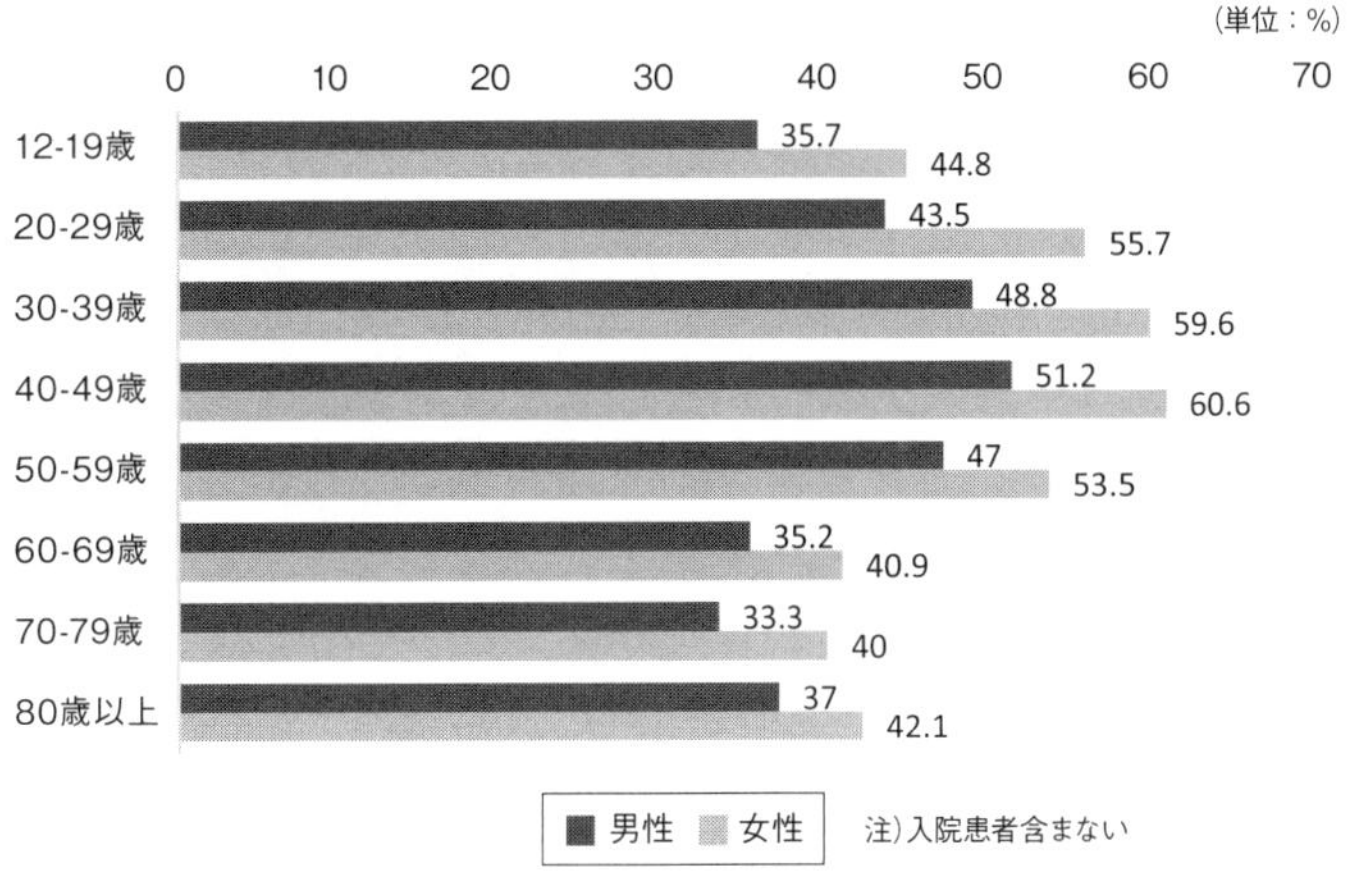

（国民生活基礎調査平成22年より著者作成）

等です。「女・30～39歳」は育児、「女・40～49歳」は、子供の教育、自分の仕事、「女・50～59歳」は家族の病気や介護。男女とも年齢階級が上がるほど自分の病気や介護が高くなっていますし、男は年齢階級が上がるほど、家族の病気や介護について高くなっています。

家族との人間関係は、男性は、ほぼ横ばいですが、女性は40代、50代で高めの傾向があります。家族以外の人間関係は、男性より女性が高く、年齢階級が上がるほど低くなっています。

年齢、ライフステージに起因して発生する悩みが多いですが、基本的には人間関係ストレスですね。このストレスを緩和することができるのでしょうか。

そして、このようなストレスを感じている

時に、人はどんな食品を選択するのか、食行動に出るのか、興味深いですね。ストレス時の食品選択の代表、食べたくなる食品代表は、「チョコレート」だそうです。

チョコレートは、空腹感をなくし、気分を高揚させ、負の感情を低減する可能性が高いことが指摘されています。チョコレートは一時、ダイエットや動脈硬化、がん、アレルギーなどの病気の予防効果が期待できることで、美容や健康に関心がある方に注目されていましたが、さらにストレス解消の効果があることも徐々に知られてきています。チョコレートの嗜好が、特に女性で高いのは、美味しいスイーツというだけでなく、ストレス解消のために体がもとめている食べ物なのではないでしょうか。食べた後に「快」があるのだとわたしは思います。

それでは、チョコレートがストレス解消に効くと言われているのは、何故なのでしょうか？

今回はその理由に迫ってみましょう。キーワードは「テオブロミン」。テオブロミンは、チョコレートやカカオのほろ苦さの素で、ココアに含まれるアルカロイドの一種です。自律神経を調節する作用があり、リラックス効果によって、疲労回復にも役立ち、血圧を安定させる作用もあるそうです。

気持ちを癒し、幸福感を高める働きのある脳内物質のセロトニンは、ストレスにさらされると減少し、交感神経の緊張によってさらにストレスが増加するといった悪循環が生じます。チョコレートには前述のテオブロミンという物質が含まれており、このテオブロミンにはセロトニンの働きを助ける作用があるため、心を落ち着かせ、リラックスをもたらす効果が期待できると言われています。その効果に持続性があるのが特徴です。また、チョコレートに含まれるカカオ・ポリフェノールにはリラックスを促し、緊張を和らげる働きがあるそうです。

余談ですが、こんなふうに書くと、すぐ大量に高カカオのチョコを食べ始める人がいますね。ダメですよ。適量を守ってくださいね。食べ過ぎは厳禁。すべての食品は、適量で継続してこそ食品の持つ機能性が発揮されるのですからね。

さて、疲れた時やイライラした時に甘い物が食べたくなった経験はありませんか？　これは、体にとって必要なものを自然に欲しているからだといえます。そんな時には、少量のチョコレートを食べることで疲労回復やイライラからくるストレスの解消になることは、わたしも何度が実感したことがあります。だから、多くの人がチョコレートが大好きなのです。

ストレス解消だけでなく、リラックス効果も期待できるチョコレートは、ヨーロッパでは安眠のために眠る前に食べる方もいるそうです。また、チョコレートの香りにもリラックス作用があるため、ますます効果が期待できそうですね。

肉体疲労で甘味と酸味の嗜好は上昇し、ストレスの後は、苦味や甘味の感受性が低下します。負の感情ストレスは、ダイエットしている人に過食をもたらします。緊張感が高く、気分が低調でお腹が空いていない時でも、無茶食いに走る可能性が大きいのだそうです。

同じ風味の食品・飲料を摂り続けていると、だんだん好ましさが減少します。これを「感性満腹感」といいます。このことは、発売した新製品が当初、お客様に圧倒的な支持を得たにもかかわらず、徐々にその支持者が減少していくことからも明らかです。

また、最近では、特定の食品・飲料に限定された強い摂取動機である「渇望」に関する研究が増えています。（注：「渇望」とは　のどが渇いたとき水を欲するように、心から望むこと。切望。熱望。）

しかし何故、ある人は食品Aを、またある人は食品Bを、渇望するのかといった個人差に関する部分については、まだ未解明です。こんなことが解明されていったら、宝が見えてくるかもしれませんね。

七　人の心に（予期／単純摂食効果／ハロー効果）

子供たちの食嗜好には、親の考え方、信念や、家庭内食が、大きく影響することは明らかになっています。そして、青年期の家庭の食が、その後の食嗜好に強い影響を与えることは、疑いのないところです。

心理学的な側面で『予期』とは、「これまでの体験や学習にもとづく食品摂取経験や知識」

がベースとなって、食品購入以前に想定をしていることが、その食品や料理の使用後・試食後の評価（おいしさ、満足感）に大きく関与することを意味しています。

例えば「有名なワインであることは、食事をおいしくします」。「音楽を聴いていると、食事の時間が長くなり、そして、食べる量が増えます」。また人は、「健康食品は、おいしくないもの」と考えていますし、良いパッケージデザインの食品は、買いたいという気持ちを強くしますが、その反面、逆に食べておいしくなければ、想像以上に評価が下がってしまいます。

これらのことは、新食品の企画を担当している人たちにとって理解しておくべき事柄ばかりだと、わたしは思います。パッケージデザイン、ネーミング、おいしさの表現等、そこまで考えないと類似品との差別化、区別化ができないマーケットに、日本を含む欧米先進国は入り込んでいます。

次に、子供たちの味の感受性について考えます。甘味や酸味は生まれる前からの味感受性であり、塩味と苦味は、生後に発達的に変化する嗜好だそうです。胎児には、妊娠中の母親の食事が影響し、食べ物の匂いも学ぶそうです。凄い！ですね。

妊娠期から成人するまでに、母親がどのような影響を子供たちに与えたかを研究すること、将来、子供たちが大人になった時にどのような影響を与えるのかということを、しっかりと確認しておくことが、これからの食嗜好の変化を予測する上で大切なことです。

メーカーは、もっと人間を研究しましょう。でないと量、大きさで圧力をかけてくる小売流通に、いいようにあしらわれてしまうことを懸念します。

さて、話を戻します。人の食行動、食べる量、おいしさは、環境に大きな影響を受けることがわかっています。では、具体的に、どんなケースがあるのか列挙してみましょう。例えば、「繰り返し接触した食べ物や飲料は、好意度は一般的に上がると言われています」。「雰囲気の良いレストランとBGMで摂食量が増えます」。「同じ料理でも、食べる場所～高級レストラン、学食、家庭～で、おいしく感じるレベルが異なります」。「食べる前に過大においしさを期待させると、おいしさは低下（対比効果）します」。等、これらのことを考慮すると、食品のリサーチ、特においしさの調査をする時には、条件をしっかりと決めておかないと、正しい結果が得られないということです。

商品の購入決定にも、パッケージを見た時の『予期』、すなわちお客様があらかじめ想定している価格が、商品価格より高いか安いかが、売れる売れないひとつの大きな要因になります。わたしの経験ですが、パッケージ段階で想定平均200円だった商品が、実は定価120円であり、発売当初からトライが入り続け、おいしさのレベルも高く、リピートも高く、No1ブランドになった事例を経験しています。

次に、『単純摂食効果』の例をあげます。「あまりおいしくない料理でも、繰り返し食べる、また、繰り返し飲むと、だんだんおいしくなる」。このことは、たとえば、「青汁」とか、「料理のへたなお母さんの料理」等が、だんだん好きになっていく傾向があります。繰り返し何度も食べていただくことが、定着の基本です。あたりまえですね。メーカーは、お客様にどれだけたくさん食べてもらえるかが大切です。

話は脱線しますが、ある若い男女が、結婚に至るかどうかは、次の式で成り立つそうです。

《結婚の確率＝最初の好意度×接触時間》

初めて会った時の好意度も大切だけど、どれだけ日々接触してきたか、その時間の多さが決めるのだそうです。確かに社内結婚が多いのも納得できますよね。（結婚は、『単純接触効果』かもしれませんね、もちろんある一定以上の好意度が最初に必要かもしれませんが）

わたしも結局、社内結婚でした。いや、しゃあない結婚ですか？

食事のおいしさに与える効果として、おいしさを事前に期待させる効果、『ハロー効果』があります。一流レストランという、おいしい食事を期待させるロケーションで食事をすると、おいしさは倍増します。これは『ハロー効果』ですね。

またまた脱線しますが、食品メーカーなどでよく試食等の場において、誰かがおいしいことを力説しますと、周りにいる人たちも急においしいと言い出す場面に遭遇したことがあります。

これも『ハロー効果』でしょうか。

別の視点ですが、人は、あるものを食べた後に、おう吐、下痢、湿疹などの不快を経験するとその食べ物が嫌いになり、二度と食べなくなる人が多いのも事実です。

わたしは、生牡蠣で二回もあたり、キツい嘔吐と下痢を経験しました。一度目は、ふつうの居酒屋だったのですが、二度目は、一流の料亭でした。いやはや、でも加熱したカキフライは大好きです。

宝探しのキー：㉒　BENTO

キャラ弁が、幼稚園では当たり前とか。お母さんが競い合い、子供たちは大満足、いいですね。一方、出来合いの弁当の割合が上昇しています。BENTOは、日本の食文化ですが、キャラや出来合いだけが拡大するのも、いかがなものでしょうか。手づくりならいいですね。

八　錯覚・錯視を応用することもマーケティング

『錯覚』とは、感覚器が異常ではないのにもかかわらず、実際とは異なる知覚になってしまう現象のことです。『錯視』とは、目の錯覚のことであり、生理学的錯覚と幾何学的な錯覚もあり、こちらのほうが多く一般に知られているようです。

食品の見かけ、印象は、視覚における錯覚によって大きく左右されることがあります。錯視は心理学の歴史の中でも１００年にわたり研究されてきたものですが、最近は、食品の分野での研究が始まっています。

大切なことは、「人はしばしば、見誤っている」ということを留意すべきだということです。食品メーカーにとって、リニューアルを繰り返すことが多く、製品のパッケージには気を配っていますが、大幅な変更は、お客様の側で錯視が起こり、予想もしない結果になることは、心理学の知見に頼るまでもない現実です。

形・大きさ・長さ・色・方向などが、ある条件や要因のために実際とは違ったものとして知覚されることが『錯視』ですが、以下に、その知見の一部を列挙します。

飲料の場合、味覚と合致したデザインだと、味覚評価は高くなります。飲み物の色が、味覚や香りを大きく左右します。実は、白ワインに赤い色をつけると風味・味覚で赤ワインと間違えることが実験で確かめられています。

同じ面積でも、形状が異なると図形の大きさの判断が違います。

星型＞ひし形＞正三角形＞正方形＞円

パッケージのデザインの大切さを裏づけるものですね。

垂直錯視の応用では、チャーハンを盛り付ける時、「より高く盛り付けた方がおいしそうである」と、人は判断します。同じ形でも回転させると大きさが違って見えます。

正方形を回転させる大きさが違ってみえ、45度回転させるともっとも過大視されるという実験結果があります。先進国でのマーケティングは、このような心理学的な側面からの製品仕様の決定が求められるほど成熟化しています。

その他、例をあげますと、量が多く見える野菜の切り方は、

千切り＞さいの目切り＞ブロック

の順番です。なじみのある製品や使い慣れたブランドは、大きなパッケージに入れると使用量が増えます。同じ飲料、同じ野菜でも、色により、香りや認識に大きな差が生じます。

以上のように、パッケージ製品でも、生鮮食料品でも、心理学的な知見を地道に突き詰めていけば、成熟したマーケットの中でも、まだまだ伸びる可能性があるということを示唆しています。もちろん、優秀なデザイナーさんは、「そんな当たり前のことは知っている」と言うか

もしれません。例えばセブンプレミアムがＰＢとして大成功した要因の一つとして、クリエイティブ・ディレクターの佐藤可士和氏の功績が大きいことは有名です。そこには、心理学のレベルをはるかに超えたクリエイターの優れた仕事がありますが、加えて今は、成熟市場にとって効果的な心理学的・科学的なアプローチが求められ続けているのではないでしょうか。

宝探しのキー：㉓　よりおいしく見えること、量が多くみえること

成熟した市場では、パッケージデザインが大切なのは当たり前。パッケージのみならず、宣伝や販促に関わるすべてのデザインが、お客様の購買行動に大きな影響を与えます。人の心に問いかける心理学的なアプローチの大切さが痛感させられます。

九　おいしさは、味・嗅・視・触覚等の多感覚連合（連携）

「味」「おいしさ」は、味覚、嗅覚、視覚、さらには触覚等との連合（連携）により決まり、そのことは心理学的な側面からも明確になっています。おいしさの調査は、「ただおいしい」ではなく、「何故、どんなふうにおいしい」のかをリサーチの中に組み込む必要があるということですね。

人は、色々な感覚が連合して、ものの判断をしており、聴覚と味覚の連携については、まだ知見が少ないものの、神経科学的研究がその脳内メカニズムを検証しつつあるそうで、その具体的な知見が報告されています。重要なポイントは、異種感覚の「適切な組み合わせ」ということのようです。

人は、味と馴染みのある色や香りが経験的に学習しており、その組み合わせが、味を想起させるのです。「適切である」とか「馴染みがある」ということは、「予期」や「錯覚（錯視）」にも関わってきます。

例をあげますと、「ビールの味覚評価は、熟練者でも色がわからないと識別しにくい」と言われています。また「バニラ香料を鼻腔に提示すると甘味増強効果がある」とされています。「飲料の場合、色を変えることにより味覚に強い影響を与え」、その効果は、生産地情報やブランド、価格等の効果よりも高いのです。「赤色は甘味を増強する」。「食品の食感、おいしさは、触覚だけでなく、聴覚、音が強く影響する（ポテトチップス…パリパリ、炭酸飲料…シュワシュワ）」。

おいしさは、難しい領域ですが、わたしの今までの経験ですと、やはり、ロングセラーの商品は、しっかりとした「おいしさの世界観」を持っています。飽きのこない、繰り返し食べてもおいしい、そして、性別・年齢別を問わずあらゆる人、世代からも支持されるおいしさの世界を持っているのです。

以上で、食の心理学的アプローチからの宝探しは終わりますが、この研究にあたって、文献検索や解析のお手伝いをいただいた食の心理学研究の有識者である四名の先生をご紹介するとともに、いただいたコメントを載せておきます。

◆今田純雄教授（広島修道大学人文学部）

食マーケティングという、きわめて実学的観点から「食」の重要文献を展望した今回、「食による社会的自己の調整」「ストレスと渇望」「予期」「錯覚（錯視）」「多（異種）感覚連合」といった分類の枠組みが提案された。これらの枠組みは、食品産業界にあっては新たなマーケットを創出する直接的な手がかりとなるであろうが、それと同時に、これからの「食」研究の枠組みを提供するものとなっている。

要約すれば、「食」の理解に、人間研究は不可欠であるということを示している。生物としての「ヒト」、思考し、予期し、学習し、喜怒哀楽する「人」、さらに他者との関係性において規定される「人間」の研究が不可欠ということである。「ひと（ヒト、人、人間）」を知らずに飲料、食品企業の未来はひらけないように思う。食品メーカーへの提言であるが、食「品」研究だけではなく、食「行動」研究にも資金提供をしていただきたい。食行動科学発展の契機となるような学術貢献をしていただきたい。長年にわたる食品研究に足場をおいた、真の意味での「安全・安心な」食品供給を行っていただきたい。また、これからの「家族のあり方」を提案していただきたい。マーケットは存在するものではなく、「創出する」ものであると思う。

◆坂井信之准教授（東北大学大学院文学研究科）

これからの食の研究には、消費者の行動研究（消費者行動論や消費者心理学：いずれも消費行動論と消費心理学とはコンセプトが異なる）や行動経済学などの人の行動の「不確かさ」（状況や経験によって食物のおいしさ判断や知覚が異なる）を扱う学問などの視点からも研究が必要であると思います。今回のデータベースにはこのような視点からの研究はほとんどありませんでした。しかしながら、最近では、例えば *Journal of Consumer Research* や *Journal of Marketing* などの一流誌においても、食に関する行動科学的な研究が発表されています。日本では京大などいくつかの経済系の学部で、すでに食を行動経済学的にみる研究（例えば手元には「行動健康経済学」「肥満の経済学」「メタボの行動経済学」などの書籍があります）は進んでおります。今後このような視点からの研究が、商品開発とマーケティングの両方の世界で、増えてくると思います。

◆**和田有史主任研究員**（独立行政法人農業・食品産業技術総合研究機構　食品総合研究所）

国際・国内市場における遺伝子組換え作物、放射線殺菌などの本当は安全な（むしろ現状より安全な）食品を用いた安価な商品の開発と流通による世界的な食糧危機回避への取り組みが必要です。食品のリスク認知に関する綿密な調査、農水省、厚生労働省、消費者庁への綿密な根回しと対策が必要です。現在、一部消費者団体の声と風評によって我が国には、生産性と品質、安全向上に貢献できる新技術がくすぶっています。世界的食糧危機を打開する大きな一手を打つ企業としての土壌があるのかも。農水省の研究者や役人のバックアップも期待できると思います。なにを持って〝真の〟健康食品と呼ぶかは、政策がらみになってしまうかもしれません。（今のところ〝トクホ〟以外はすべて〝いわゆる健康食品〟ですから）

◆**木村敦助教**（東京電機大学情報管理学部）

「食」という人間の根幹的行動に対する心理学研究体系はまだ成熟しているとは言い難い。食行動を扱った個々の研究の蓄積はあるものの、それらを体系づけ、行動の背景にある心理モデルを有機的に関連づける作業が今後の大きな課題であろう。今回の文献データベース化作業はそれを実現するための大きな一歩であり、学術的な興味にとどまらず、人間にとっての食の意味や食の文化的価値を捉え直すための強固な足がかりとなると思われる。食品メーカーへの提言として、食卓コミュニケーションの架け橋となる食品の開発を期待する。

このような食卓の場が豊かになる（盛り上がる）食品というのは、消費者も付加価値を感じるかもしれません。

第6章

おいしさの理解

わたしは、食品分野で長く仕事をしてきました。マーケティングリサーチの分野で、新製品開発のサポートをしてきた者として、「おいしさ」がいかに大切で、そのことをなおざりにすると絶対に市場に定着しない、お客様から支持されないという現実を多く見てきました。

おいしさの理解を進めていく上で、生理学的、心理学的側面からの取り組みをしていくことは、大切です。しかし、この心理と生理の領域は、区別することが難しい場合が多く、実際、生理学的な領域は、いわゆる味覚、本質的なおいしさであり、口の中で感じるおいしさです。一方、心理学的な領域はココロの部分とアタマの部分に分かれますが、見た目、気分、状況などで変化するおいしさで、本質的なおいしさに影響を与えるものです。おいしさの意味というテーマで**図表28**にまとめてみました。

心理学、生理学の学術的な分野でも、リサーチを活用した研究が進められています。各種文献、図書などから現時点で「おいしさ」について明確になっていることを抽出し、「おいしさとは」「おいしさの構成要素」「おいしさに与える影響」などの視点から基本的なポイントを要約したものです。

わたしの30年の食品の開発・おいしさ・香り・分析等の経験と、各種文献から学んだものを組み合わせて、わたしなりにまとめました。新カテゴリー、新製品、新価値、新しいコミュニケーション等の「お宝」を探し出すという視点で、その可能性を探っています。

【図表28　おいしさの意味　心理と生理】

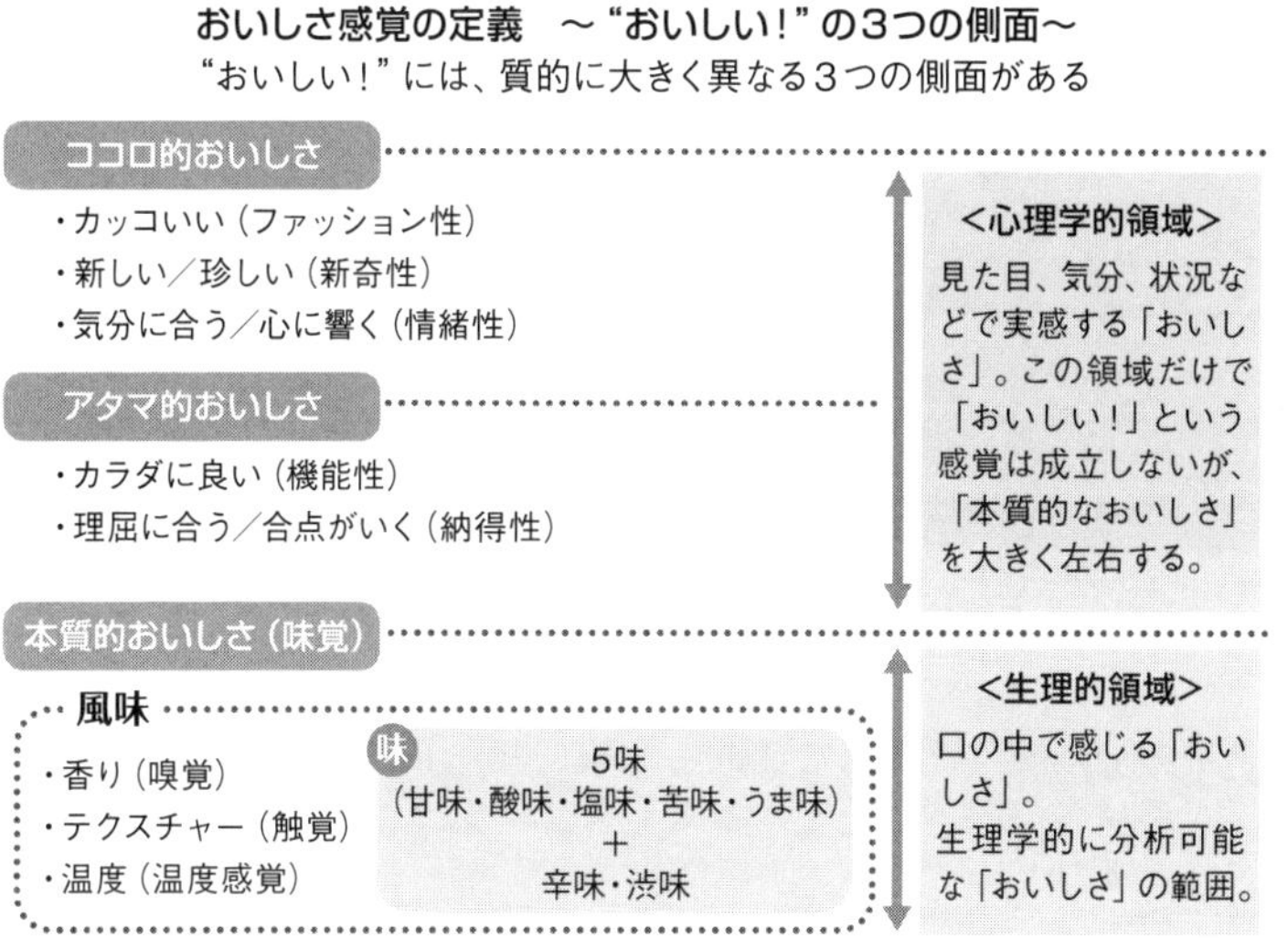
おいしさ感覚の定義　～"おいしい！"の3つの側面～
"おいしい！"には、質的に大きく異なる3つの側面がある
ココロ的おいしさ
・カッコいい（ファッション性）
・新しい／珍しい（新奇性）
・気分に合う／心に響く（情緒性）
アタマ的おいしさ
・カラダに良い（機能性）
・理屈に合う／合点がいく（納得性）
<心理学的領域>
見た目、気分、状況などで実感する「おいしさ」。この領域だけで「おいしい！」という感覚は成立しないが、「本質的なおいしさ」を大きく左右する。
本質的おいしさ（味覚）
風味
・香り（嗅覚）
・テクスチャー（触覚）
・温度（温度感覚）
味
5味
（甘味・酸味・塩味・苦味・うま味）
＋
辛味・渋味
<生理的領域>
口の中で感じる「おいしさ」。
生理学的に分析可能な「おいしさ」の範囲。

（著者作成）

◆「おいしさ」に絡み合う「クチ、アタマ、ココロ」

「おいしさ」には、大きく三つの領域が複雑に絡み合っているのです。

「本質的おいしさ（味覚）」は、『クチの中で感じるおいしさ』で生理学的な領域です。五味、香、食感、温度などの要因があり、モノそのものの味です。

『アタマ的おいしさ』は、体に良いか悪いかのように、健康等の機能的な部分がおいしさに影響するという考え方です。パッケージデザインや表現コンセプトが、購買とおいしさに影響していることは事実です。今の日本のマーケットにとって、非常に大切なポイントになってきています。

その上で、『ココロ的おいしさ』、すなわち情緒的なおいしさが重なります。カッコイイ等のファッション性、新しい、珍しいなど、その時の気分に合うかどうかです。また、誰と一緒か、見られているか等も、おいしさに影響します。

「クチ、アタマ、ココロ」を加味しながら、おいしさとは何か、特に食品のマーケティングリサーチの上で最も大切な「視点」について、考えてみたいと思います。現代人の生活と、ヒトとしての心理・生理を組み合わせて検討することにより、今まで気づかなかった宝の鉱脈を探り当てるかもしれないですね。

2015年から機能性食品表示制度がスタートしました。国の認可ではなく、企業の責任において、安全性と効能に関するエビデンスを保証すれば、トクホと同じレベルの健康表示が可能になるということです。お役所は、何を考えているのでしょうか。

食品は常に、薬と違うと明確にすることが必要です。どんな食品でも、人の体に対して、効能を持っています。砂糖でも、塩でも、じゃがいもでも、人参でも。そして、食品は毎日毎日の繰り返しの中で人の体に影響を与えるものです。健康表示は禁止にすべきです。薬品ではないのだから、消費者庁は、間違っているとわたしは思います。

一　おいしさの基本

おいしさとは、舌で感じる味覚だけではなく、「料理を食べたときの快感、満足感、幸せ感」「五感のハーモニー」です。

「おいしさ」と「まずさ」は、食べることにまつわる「快」と「不快」に起因する感情です。おいしさの快感は、大きく二つに分けられます。一つ目は「体が必要としているものを摂取したときの快感」、二つ目は、「人にとって好ましい味覚を感じたときの快感」であります。

五感とは視覚、聴覚、触覚、味覚、嗅覚。「おいしさ」は、味覚、触覚だけで判断されるものではないのです。目の前の食べ物が口に入るまでの間は、視覚、聴覚、嗅覚が先に働いています。「五感のハーモニー」なのです。

例えば、初めて食べる料理のとき、口に入れる前に、どんな色をして、どんな形をしているかといった情報を視覚から得、その料理の匂いを嗅覚で感じ、口に入れる。そして口に入れたときの触覚（食感）「固いか軟らかいか」「熱いか冷たいか」「歯ごたえ、舌ざわり、喉越し」、周りの雑音の影響でも、味は違ってきます。事前に、「これは有名なシェフが作った料理です」と言われただけでおいしく感じたり、逆に「ちょっと古くなっています」といわれただけで、おいしくなったりします。暗示ですね。「料理は目で味わう」と言われますが、料理の見た目や食器の良し悪し、食べる場所の雰囲気等も大いに影響します。

お客様の立場でおいしさを考えていくならば、よく食品メーカーの研究所で、「立って」製品の試食評価している姿を見かけますが、そのやり方も再考が必要ですね。

おいしさの調査では、セントラルロケーションテスト（ＣＬＴ）は、あくまでも実験であり、本当のおいしさの測定は、実生活に近いホームユーステストで、家庭の中で作って食べていただいて評価していただくことが必要なことは、明らかですね。

おいしさの調査の基本を踏まえないで、適当にひとりよがりで味覚調査を実施していると大きな失敗につながる可能性が高まります。最近では、トップバリュのような小売業のＰＢでも、コンビニエンスストアの惣菜でも、味覚調査を積極的に導入していると聞きます。このことは、よりおいしいものを目指していかないとお客様に支持されないこと気づいているからでしょう。メーカーは、そこまで、こだわっているのでしょうか。さらに、テレビＣＭ、小売の店頭、パッケージデザインも、おいしく感じていただくための研究が必要です。

味覚は、舌の味蕾（みらい）の中の味細胞（みさいぼう）で感知し、その刺激によって神経伝達物質が発生し、その信号が脳に送られ「おいしさ」「まずさ」を判断すると言われています。

味細胞の数は、０歳～20代…約６０００個・60代…約２０００個だそうです。おいしさを調査するときに、やはり、加齢による差は、要注意ですね。年齢とともに感度が鈍るということを、よく認識しておかないと、大きな間違いを犯す可能性がありますね。たとえば、同じ塩味でも、年齢が高くなるほど感じにくくなりますから、より塩辛いものをおいしいと感じるということです。「おばあちゃん、今日の卵焼き塩辛いで」と孫、「そんなことはないはずやで、わたしはおいしいけどな」という日常会話。

二　記憶する味

ここで「おいしさ」「まずさ」を記憶する機能について考えてみましょう。おいしいもの、まずいものは最初に経験した時に学習し、それを記憶に留め、次からは記憶を手掛かりにして一口味わっただけで、摂取行動あるいは忌避行動を生じさせます。

そうした快・不快の感情は、味を記憶するうえで重要な働きをしており、食べ物の好き嫌い、偏食などに関与しています。加工食品を提供する者にとっておいしさが、いかに大事がわかりますよね、だから、繰り返し何度もお客様がＯＫと言うまで味覚調査が必要なのです。お客様は、食べておいしくなかったら、そのことをしっかりと記憶に留めるのですから。そして、感動するくらいおいしかったら、クチコミの源泉になります。

また、その製品のヘビーユーザーは、何度も繰り返し食べていただいていますから、味覚を変更すれば、すぐ見抜かれてしまいます。だから、お客様に繰り返し食べていただけるいい製品を作ろうと考えるなら、味覚の妥協はゆるされません。大きなマーケットを作り上げようとしたら幼児から老人まで幅広く支持されるおいしさを徹底的につきつめていくことが求められます。メーカーの開発者よりも、ヘビーユーザーの方が、長年食べ続けているのだということをよく考えないといけないですね。

宝探しのキー：㉔　飽きのこないおいしさ

本当のおいしさを作り上げるのは、セントラルロケーションテスト（CLT）のような会場テストだけでは難しいのです。これは設計品質の確認であり、できれば、日常の生活場面でのおいしさを確認するホームユーステストをしたいものですね。

大きなマーケットを持つロングセラーに育てるには、子供からお年寄りにまで支持されるおいしさづくりが必要であり、味覚に妥協するような製品は絶対に定着しません。繰り返し食べてもおいしい、また食べたくなるような感動するようなおいしさで、飽きないおいしさ、徹底したおいしさを追求する姿勢が求められます。

三　おいしさの機能

体内の状態を常に一定に保つために、おいしさが機能します。塩分、糖分や水分のように、体に必要なものは、体内で一定の濃度を保つ必要があります。これらの必須栄養素が欠乏すると、人は、それを探し求めて摂取しようとします。その際、体に欠乏している物質を口にすると非常においしく感じるのです。

ですから、お客様のライフスタイル、仕事の質、体調、年齢や生活シーンによって、求める味覚が異なってくるのです。「いつ、どのようなシーンで、おいしさの調査をするか」が大切になってきます。生理学の視点から新しい製品（宝）を見つけ出そうとするなら、どんなシーンで、何をどのように食べているか、お客様の日頃の行動を観察し、その食事に対して、どんな点が満足度を高めるのか、不満の要因は何か、また、何が不足しているのかよく見極めることが必要ですね。

宝探しのキー：㉕　**シーンフーズ**

誰がいつ何を、どんなシーン、タイミングで食べるのかということを調べていくと、時代の変化、トレンドが見えてきます。その時の気持ちと心の状態を推察することが、新製品開発のひとつの方向なのです。特に、健康機能性食品は、成分も大切ですが、シーン、タイミングも大切です。シーンフーズとでも呼びましょうか。

安心・安全にも、おいしさが機能します。人は、おいしい（快）のであれば摂取行動に移り、まずい（不快）と感じれば食べなくなります。一般に人は、おいしいものは、栄養物やエネルギー源など体に良いものであり、まずいものは、有害物、有毒物、腐敗物など体にとって悪いものであると判断するからです。

また、味覚により顔面の表情変化、唾液分泌、消化管運動と分泌、ホルモン分泌などが生じます。味の刺激による唾液分泌や、内臓消化器系の運動や分泌が盛んになるのは、咀嚼中や嚥下後の消化、吸収を促すことに通じます。味覚が生体反応を誘発するからです。セントラルロケーションテスト（ＣＬＴ）にメーカーの担当者開発者が参加して、被験者が食べている顔を見ることは本当に大切なのです。

心からおいしいと思えるものを食べていれば、自然と笑顔になります。そして体が「快」を感じれば、それが健康に通じるのだと、わたしは思います。

人は、味覚に対して、「おいしい、まずい、を判断すること」「おいしい、まずい、を記憶すること」という働きを持っています。体の状態をいつも一定に保つ働き、そして、体の安全を守る働きです。凄いことですよね、誰が決めたのか、設計したのか。まさに、「Something great」です。

これらの機能をよく理解することが、生活の食を考えていく上で大切です。食べた後で「お腹をこわす」「胃腸の調子がおかしくなる」等、体調が思わしくない方向に進んだ場合、食べたものを忌避する傾向が出るのは当然ですね。

わたしは、サバ（生鮨）でジンマシン、生牡蠣で嘔吐と下痢の経験が記憶に残っているので、いつもこれらを食べないように注意しています。本当は食べたいのですが、過去のつらく苦しいことを覚えているので我慢しています。犬でも、食べて体調をこわした食品は二度と食べないようです。

みなさんは、どんな食べ物が苦手でしょうか。最近では、アレルギーの問題がクローズアップされています。いいレストランでは、何が苦手かダメかを聞いてくれますよね。食べ物の主義や宗教的な理由など、体への影響じゃないこともあるでしょう。幸せに食べられるように、おもてなしの範囲が広がることは素晴らしいですね。

宝探しのキー：㉖　**日常生活行動の中で体が不足するもの**

味づくりは、「老若男女　誰でもが好むようなおいしさ」にこだわることが基本ですが、別の切り口として、運動、仕事、風邪等の生活シーンで不足する物質を補給するおいしい食品という方向が考えられます。

四　おいしさの構成要素

おいしさの構成要素は何でしょうか。いよいよ、おいしさの核心部分にさしかかりました。味覚はすべて、食べるものが体にどう働くかということと結びついています。食に携わる者として、しっかり理解しておくべき大切なことです。

何度も言いますが「あなたは、あなたが食べたもので、できています」。健康も美容もすべてあなたが、何をどのようにいつ食べたかの結果ですからね。

味とヒトの体との関係から、料理を作るうえで、味づくりをするうえで、大切なことは何かを考えてみました。9項目に整理してみました。おいしさと体の機能の密接な結び付きが、よくわかります。

1　甘味は、体が求める基本のおいしさ。生きていくためのエネルギー。
2　塩味は、ミネラル、体調調節。
3　酸味は、注意信号。経験で獲得する、食欲増進と元気の素。
4　苦味は、毒を感じさせる味。経験で獲得する、大人のおいしさ。
5　うま味は、命が求めるおいしさ。
6　言葉が伝える「食感」。
7　おいしい温度とは。できたてアツアツの大切さ。
8　香りは期待のサイン、辛味は食欲への刺激。
9　脂肪は執着性があり、味覚を増強。

◆1　甘味は、体が求める基本のおいしさ。生きていくためのエネルギー。

甘味は体が求める基本のおいしさであり、成長期にある子供たちにとってはなくてはならないものです。子供たちに甘味制限は、本来は必要がないものです。食べ過ぎと運動不足が、問題なのであり、砂糖を悪者にするのは間違っています。

本来なら飽食の時代には、甘味欲求は減退するように思われていたのですが、やはり甘いものはおいしいのですね。最近では、スイーツというオシャレな呼び方も定着しています。人間は、甘味や塩味がベースにないと、「おいしい」という感覚も生じないのではないでしょうか。甘味は、基本味の最初にあげられるほど魅力的なもの。甘味と適度の塩味は、本能的に誰もが好む味であり食欲を増進させます。砂糖の主成分「蔗糖」の甘味はブドウ糖と果糖が結合した二糖類ですが、果糖も肝臓でブドウ糖に変わり、体内ですばやく酸化燃焼、生命活動に必要なエネルギー源になります。

甘味は、いつの時代もどんな時でも必要なものです。しかし現代のように摂取カロリーがオーバーし、また、飽食がもたらす肥満や糖尿病等との関係も指摘され、甘味が悪者として扱われるようになると、どうでしょう。問題は、甘味の問題でなく、運動しないこと、食べ過ぎていることなのですが。

缶コーヒー等の嗜好飲料は、すでに微糖無糖飲料の時代に入っていますし、缶コーヒーのメイン原料は牛乳であるケースが多いです。味覚調査は、このような世の中にある製品の本質を理解した上で解釈しないと間違えそうですね。

お客様は、味覚評価していただくと、すぐに「甘すぎる」「塩辛い」といいますが、「まずい」とは言っていないことが多いのです。わたしは、このことに、長年の調査で気づいています。甘いのは幼児から老人まで、大好きなのです。わたしは、カレーのメーカーに長年勤めてきましたが、その中で、「バーモントカレー」というオバケ商品があります。なんと発売以来

50年間No.1を維持しています。甘くておいしい普通のカレー、いや、カレーというよりも、「甘くておいしい料理」なのでしょう。幼児から老人まで、また海外の他の国でも支持が安定しています。甘さが中心だからだとわたしは思っています。

でも、何故、他の食品メーカーは、バーモントと同じおいしさものを作れないのでしょうか。不思議ですよね。このことが、バーモントカレーがNo.1に君臨している理由なのです。目に見えないノウハウがあるのだと確信しています。わたしが現役の時に解析したのですが、どんなセグメントでも（年齢、家族構成、職業、収入、地域等）No.1であったことを覚えています。

甘味のテーマで忘れてはいけないのは、天然、人工甘味料の存在です。特に、トレハロースは、いわゆる人工甘味料ではない、砂糖と同様の天然糖質です。「夢の糖質」といわれたトレハロースは、そもそも「人類にとって根源的な意味をもつ天然糖質」であると言えます。命名は近代ですが、太古の昔から地球上に存在していたのです。そして、古くから生命とかかわっていま す。キノコや海草、酵母や藻類、そして海水の中にも昔から豊富に含まれ、また昆虫のエネルギーもトレハロースです。

哺乳動物（人間）はブドウ糖をエネルギー源としますが、トレハロースも分解すれば「二つのブドウ糖」になります。ちなみに砂糖は「ブドウ糖と果糖」になります。砂糖はどちらかというと大変甘くて美味しくて即効性のエネルギーになって役立ちます。それに比べてトレハロースは（乾燥などの過酷な環境に対して）「健やかな体を保つ」働きをしているように思えます。本来、人間にとって砂糖とトレハロースは、どちらも重要な糖であることは間違いがないですね。急速にトレハロースの使用範囲が広がってきています。菓子や食品だけでなく化粧品、入浴剤、農業花き園芸、化成品等々。海外においてもかなり進展しています。

合成甘味料は、食品に甘みをつけるために使われる調味料です。食品衛生法による食品の表示にあっては食品添加物に区分されています。近年では、天然に存在しない人工甘味料である合成甘味料も利用されています。人工的に合成した甘味として、アスパルテーム、スクラロース、サッカリン（サッカリンナトリウム）等があります。食品の裏面表示をよく見ていただくと実に多用されていますよ。

◆2 塩味は、ミネラル、体調調節。

体液の塩分濃度は0・9～1％、塩加減の目安です。塩分は、とかく食品マーケットでは、悪者になりがちです。よく味覚調査でインタビューすると、必ずと言っていいほど「塩辛い」という意見が出てきます。塩加減という言葉は、奥が深いですね。

岩塩を採掘して商品化したり、海の水から製塩されたものが各地にあったり、グルメな人には塩は人気です。どの塩にも、ミネラルが豊富に含まれているのが特徴のようです。

日本ではしばしば、塩に鉄を加えることが行われます。最近では、いろいろな加工食品飲料に鉄分添加のものが増えてきています。日本の女性には、鉄分不足がしばしば問題になるためです。このほか外国で販売されている商品には、亜鉛を加えたもの、フッ素を加えたものがたくさん存在しています。

宝探しのキー：㉗　**微量ミネラル補給　体に良い塩**

食品領域では、ビタミンについては、その摂取過剰が問題になるケースがあるぐらいに一般化していますが、ミネラルは、今後の健康要素として、大切なキーワードであると推察します。塩はよく悪者にされますが、人にとって大切な成分です。なくてはならないです。精製塩でなく、いい塩もあるのです。多種多様な微量ミネラルを含んだいい塩を使うことが、健康には大切なのではないでしょうか。

◆3　酸味は、注意信号。経験で獲得する、食欲増進と元気の素。

酸味は、果実が未熟な場合や食物が腐敗していることを知らせる味です。危険信号であり、動物は通常好みません。したがって、子供は、動物の本能に近い部分があるので、酸味は嫌いなのです。

だから、子供たちの嫌いなメニューに、酢の物や酢豚が入ってきます。叱らないであげてほしいものですね。当然、酸味は危険な味であるから、情報が理解でき経験豊富な大人になって、おいしくなる味であると言えるわけです。

体の中には、取り入れた栄養素をうまく代謝させ、エネルギーを作り出すための回路があります。この回路は、クエン酸（柑橘類の酸っぱさのもと）、リンゴ酸、コハク酸など9種類の有機酸で構成されているのですが、それを「クエン酸回路」と言うほど、クエン酸は重要な位置にあります。酸っぱいものは、口に含むと唾液の分泌が促進され、食欲を増進する作用もあります。以前流行した「もろみ酢」は、クエン酸飲料ですし、最近の健康ドリンクでもクエン酸を主成分にしたものが多く発売されています。

バブル以降、基礎調味料の家庭内の利用は激減しています。料理を作らないからです。しかし、お酢だけは、需要が拡大してきています。お酢は、調味料、保存のためというだけでなく、飲むお酢として用途開発に成功したからです。また、お酢、すなわち、酢酸は、血圧を下げる効果のある特定保健用食品（トクホ）として認可されているのですよ。

酸味は、腐敗しているものや有毒なものかどうかを見分けるために、自然が設定した味なのでしょう。そして、人にとって大切な味覚になっている、凄いですね。

◆4 苦味は、毒を感じさせる味。経験で獲得する、大人のおいしさ。

苦味は、薬物のようなものが混じっている味で、およそ安全な食べ物の味ではありません。味によって安全でないことを伝えてくれますから、酸味と似たような働きを持っています。やはり、自然って凄いですね。

味覚研究の分野では苦味の標準として用いられている、キニーネという物質があります。キナという木の樹皮から生産されるマラリアの特効薬で、「きな臭い」の語源という説もあります。この苦味は人間の本能にとって有毒を意味し、避けるべきものと認識されますが、経験によって嗜好される味覚となるようです。

同じく食品の苦味成分として、春の芽野菜に含まれるアルカロイド、コーヒーのカフェイン、ビールのホップに含まれるフムロンなどがあります。苦味成分には、神経の興奮を発生させたり、逆に興奮を鎮めたりする効果があり、また、経験や学習を通して覚える大人の味なのです。心に働きかける味であるとも言えますね。

焦げはメイラード反応と呼ばれる苦味を伴いますが、わざと焦がすことで美味しさをアップすることがあります。また、料理で取り除く「アク」も苦味ですが、時にこれが料理に複雑さを与えたりします。「アク」は、後述する「こく」と同じ成分という研究もありますが、今後より解明されるでしょう。

サラリーマンやOLが、仕事の後に、お酒を飲みに行くのは、昼間の仕事で我慢していたことを発散するためであり、また、イライラすることがあって興奮した心を休めるためだと思います。ストレスを強く感じている人は、苦みをおいしく感じるとされています。生理学的には、お酒の飲み始めは、血中のアルコール濃度が上がって、血流がよくなり、体が元気になったように感じますが、さらに飲み続けるとアルコールによる脱水により、徐々に血液がドロドロになって、翌日二日酔いになるのだそうです。

わたしは、47歳の時に病気で、タバコとお酒をやめましたが、その後、それに代わるものを探しつづけて、たどりついたのは、ハーブティーと和菓子でした。お酒を飲まない人が増えている中で、人々のストレスの解消の行き先は、宝の鉱脈になるかもしれませんね。

宝探しのキー：㉘　**お酒に代わるストレス解消食品**

お酒や甘いものに代わるストレス解消力のあるモノへのニーズは強いですよね。最近ですと「エステ」「アロマテラピー」等、街の中のお店の様子も変化してきています。体にやさしいストレス解消です。

◆5 うま味は、命が求めるおいしさ。

うま味とは、自然の食べ物に含まれているもので、タンパク質の成分であるグルタミン酸ナトリウムや核酸の味であり、生命維持に必要なタンパク質が存在することを示している味であり、乳幼児でも理解しているそうです。

食べ物のタンパク質を構成しているアミノ酸の中で、最も大量に存在するのが「グルタミン酸」です。味を作り上げる上での主役になります。植物性の食品に多く含まれています。「イノシン酸」と「グアニル酸」は核酸系に分類され、「イノシン酸」は肉や魚など動物性の食品に多く、「グアニル酸」はキノコ類に多く含まれています。

核酸系のうま味成分は、遺伝子の情報を記録するＤＮＡの関連物質です。生命組織の基軸をなすもので、そのシグナルがうま味なのです。タンパク質がおいしいのは、人が（動物も）生きていくために、タンパク質やその構成成分であるアミノ酸が必要であり、そのためおいしくなっているのだと、わたしは思います。「Something great」偉大なる誰か、偉大なる何かが作った仕組みなのでしょうか。

長生きしているお年寄りの方は、肉が大好きでよく食べているという報告があります。年寄りだから、肉は食べないといった考え方は間違いですね。健康なお年寄りは、肉が好きです。

前にもちょっと触れましたが、わたしの90歳の母親は、今でも肉が大好物で、それも良質なやや値段の高いおいしい肉が大好きです。

「あなたは、あなたが食べたもので、できています」。何故、食べることが大切かをしっかりと伝える教育は必須です。しかし、お母さんも先生も、何故、野菜が必要なのか、何故タンパク質が必要なのか知らない人が多いのではないでしょうか。教える立場の人の教育のほうが、大切かもしれないです。急がないと、日本や世界の将来にとって大切な子供たちが、犠牲になってしまいますね。

世界的な和食ブームもあり、「グルタミン酸」「イノシン酸」「グアニル酸」、3つのうま味とその相乗効果については、テレビや雑誌で聞いたことがあるのではないでしょうか。うま味は、和食を支える「だし」の基本でもあります。

昆布、かつお節、干し椎茸は、「自然だし」の3大スターですね。「だし」は、日本が最も誇るべき食文化として見直されています。昆布、かつお節、干し椎茸は、それぞれ「グルタミン酸」「イノシン酸」「グアニル酸」のナトリウム塩が主成分になっています。それらを混ぜると、相乗効果として、単独のときよりぐっとうま味が強くなるのです。1+1が5~7倍にも増強されるというのが、相乗効果です。誰がみつけたのか、すごいですね。これまた「Something great」です。相乗効果は味覚生理学の観点からも特異な現象で、そのメカニズムは十分解明されていません。しかし、実生活では伝統的に利用されていて、「昆布とかつお節の合わせ出し」「椎茸入り塩昆布」「トマトと肉を使ったイタリア料理」等、たくさんあります。「だし」は素材に「こく」や「厚み」を与え、よい味付けをする効果があります。昆布だしは、昆布の成分であるグルタミン酸ナトリウムに、マンニットと塩化カリウムによって昆布だしの味が発現します。マンニットは乾燥した昆布の表面に見られる白い粉で、単独では甘苦いもの。塩化カリウムは苦味をともなった塩味を有します。これら3つの物質でうま味と、さらに「こく」を強めているらしいのです。

ニンニクやタマネギ抽出物から得られるいくつかの含硫アミノ酸（ニンニクではアリイン）やペプチド類は、単独の水溶液では無味ですが、コンソメスープやカレーライス、うま味溶液に添加すると、「こく」が発現します。おいしさの要素として、わたしたちは食べ物に「こく」を求め、「こく」があるとおいしいと思うようです。「こく」が人間にとって重要な栄養素に関わる味だからだと思います。人間が生きるために必要な栄養素がバランスよく入っているからこそ、わたしたちは「こく」を求める感覚を持つのでしょうか。

「こく」とは味の濃さ、あるいは濃度感、充実感につながる感覚であり、英語ではbodyと訳されています。「こくがある」「うまみがある」「濃厚である」「まろやかである」等、おいしさを表現するうえで近い関係にある言葉がありますが、人によって捉え方が異なりますので、味の評価は難しいということなのですが。

ところで、うま味調味料には誤解があったことを、ご存じですか？　グルタミン酸ナトリウムは、グルソーの愛称とともにお客様から悪者扱いされてきた経緯があります。確信があるわけでなく、一部の過剰な奥様情報を鵜呑みにしてきた人たちも多かったからだと思います。

グルソーは、戦後の貧しかった日本の食の救世主として働いてきたのです。加工食品の中には「調味料（アミノ酸）」という形で使用されています。それ自体おいしくはありませんが、調理時に「かくし味」（うま味調味料）として使用すると、とてもおいしくなります。まさに日本の食を支えてきた名脇役、優等生だったはずです。

欧米の研究者の中には、グルタミン酸ナトリウムを味覚増強物質として評価する人が多いと聞きます。その作用機序（薬理学の用語で、成分が生体に何らかの効果を及ぼす仕組み、メカニズム等を意味する）の詳細は不明ですが、いろんな味が混じりあい複雑な混合味が出来上がる時に、適当な濃度のグルタミン酸が存在していると、きわめておいしい味になるのです。

また、グルタミン酸ナトリウムは食品添加物としても使われ、L-グルタミン酸ナトリウムとかフルネームで書かれていることもあります。別名「化学調味料」ですよね。実は「化学調味料」という言葉はNHKが発明したもので、「味の素」が発売されたあとニュースとかに登場させる際、NHKは特定の商品名である「味の素」という企業名を言えなくて、「化学調味料」という言葉を造語して使用しているうちに、それが定着してしまったらしいのですね。

昔は、化学や科学には比較的にいいイメージがありました。だから「化学調味料」という言葉は、ポジティブな意味のはずだったようですが、近年は「化学は何にせよ悪い物」と思い込む風潮があるので、ネガティブな印象がつきまとうようになってしまったのでしょう。それで、メーカーは「うま味調味料」って呼ぶように啓蒙してきているのです。

もう一つ、グルタミン酸ナトリウムに関して中華料理店症候群を問題視している人がいますが、こちらは医学的には「はっきりと」否定されています。世界中の医学者・毒性学者から「安全な物質だと認められているということです。そもそもグルタミン酸はアミノ酸の一種で、普通にタンパク質（肉や魚、豆など）が胃の中で分解されるとできるもの。昆布とかトマトとかにも豊富に含まれています。特に、昆布に含まれているのは味の素と同じナトリウム塩の形のグルタミン酸ナトリウムで、これも胃液に触れるとグルタミン酸イオンとナトリウムイオンに分離されて別々に代謝するので、基本的にグルタミン酸、ナトリウムの作用機序そのままの現象以外は起きない。つまり、グルタミン酸ナトリウムを食べて体がおかしくなるなら、昆布やトマトはもちろん、消化の過程でグルタミン酸が出てくるタンパク質を含む肉・魚・豆とかを食べても害が出なければおかしいということです。

一流の料亭のシェフでさえも、最後にごく少量、グルタミン酸ナトリウムを入れると味がひきしまると言っていました。わたしの母親は、漬物にふりかけてその後醤油もかけて食べていたことを思い出しますね。

◆6 言葉が伝える「食感」

「食感」もおいしさです。口内に接触する「触感」だけじゃなく、噛み砕く触感、喉越し、刺激なども含めて、「食感」なのです。硬いか軟らかいかは、物質の溶解性と連動しています。軟らかいものほど唾液に溶けやすく一気に口の中を刺激します。硬いものは噛んで潰して唾液に溶けて味を感じます。天然素材でも加工食品でも、食感が、素材のおいしさの要素になっています。

「もっちり」「サクサク」「とろーり」「パラパラ」「ぷるん」など、おいしそうなこれらの表現は擬態語（オノマトペ）と呼ばれます。擬態語の多さは日本語の特徴ですが、食感を伝える擬態語がたくさんあります。「シャキシャキ」「カリカリ」「パリパリ」「つるつる」「ふわふわ」「ネバネバ」「ポリポリ」「ぷりぷり」「ぷるぷる」等、商品のおいしさを表す言葉として、ネーミングにも活用されています。おいしさを伝えるときの表現には限りがあるので、噛み心地や口内での触感で表現することが多くなるのでしょう。最近は食物を紹介するバラエティー番組が多いですから、タレントによる「食レポ」のテクニックは、よく話題になりますね。

【図表29　デパートのお惣菜売場メニューに使われている言葉】

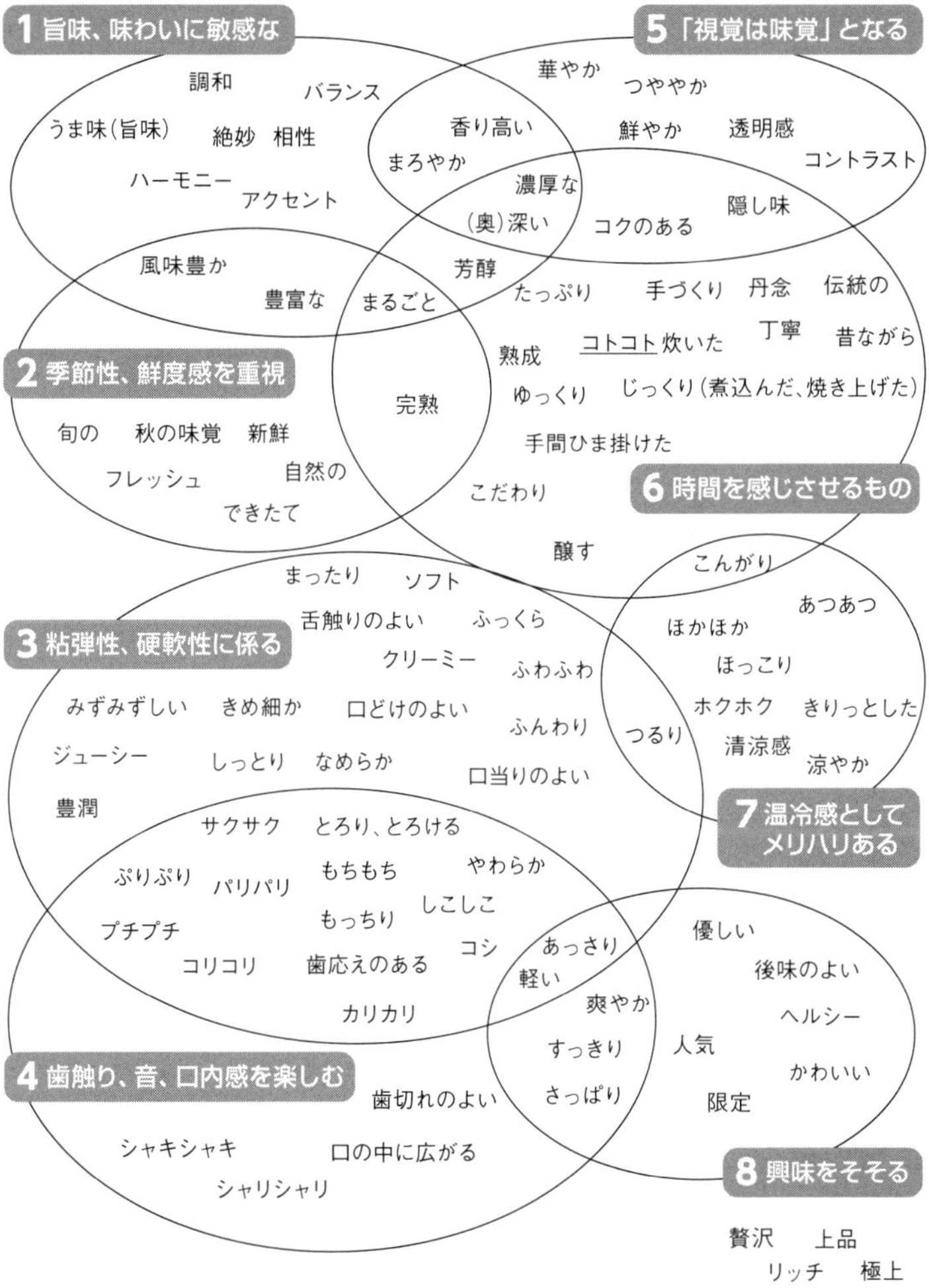

(著者作成)

図表29に、日頃、デパ地下の食品お惣菜コーナーで使用されているおいしさ表現をマップ化してみました。いかに食感にかかわる言葉がおいしさに結びついているかがよくわかると思います。

◆7 おいしい温度とは。できたてアツアツの大切さ。

味覚の感受性は温度によって変化します。料理の温度が30～40度の間で一番強くなり、それよりも低くても高くても、だんだん鈍くなっていきます。でも、幸せを感じる食事を尋ねてみると、30～40度のものって少ないですよね。できたてアツアツがうれしかったり、キンキン冷え冷えがごちそうだったりします。

料理にとって最適の温度って何でしょうか？　料理を30～40度で出しておいしいと言ってもらうより、幸せを感じる温度においてベストになる味つけにして料理を作ることのほうが簡単です。けれど前者にだって、宝が潜在していると思います。既成概念に縛られないようにしたいものですね。

味と温度の相互作用では、甘味と苦味の刺激は味細胞内の酵素反応を利用するので、温かい体温付近でよく感じます。塩味や酸味の刺激はイオンチャネルを介した刺激作用なので温度の影響を受けにくく、冷たい温度でも感じるのです。淹れたてのコーヒー、アツアツのうどん、鍋物、よく冷えたわらびもち等、食べ物の温度は、微妙ですが大切ですね。コンビニは、提供する温度によく気を使っているような気がします。

レトルトカレーはパウチに入っていて、常温で、なんとなくわびしいですが、湯煎して、温かいごはんの上にアツアツをかけるから、おいしいのだとわたしは思います。だからここまで大きなマーケットになったのではないでしょうか。温かいものを食べるとホッとしますよね。多くの人にとって、幸せ感が一番感じられるのが、できたてアツアツ。できたてとは、おいしいことの大切な要素なのです。最近の若者は、お風呂あがりにビールよりもアイスとか。

暑い時に麦茶が欲しいか、炭酸がほしいか、それともスイカのほうがいいのか。気温だけじゃなく、湿度や日光、時間なども関係してきます。技術がどんなに進展しても、おそらく企業に気象条件を操作することはできません。けれど、おいしい適温の研究は、もっともっと進むのでしょう。

宝探しのキー：㉙　温かいからおいしい

アツアツできたては、おいしさを想起させる言葉です。冷たいのでおいしい料理もありますが、ふつう冷たくなった料理はあまりおいしくないですよね。「あたたかく食べていただくこと」「料理が最もおいしい温度で食べていただくこと」そこには料理をする人の気持ちが込められています。

◆8 香りは期待のサイン、辛味は食欲への刺激。

香辛料の定義は、実は明確ではありません。全日本スパイス協会では、自主基準として香辛料をスパイスとハーブに分類しています。ただ、一般にスパイスというと辛味、ハーブというと香りに密接に関わっていると考えられますが、どちらかが無いということはなく、程度の差こそあれ、それぞれが特徴的に料理においしさを加えているのが、スパイスでありハーブであり、香辛料です。

嗅覚は、おいしい食べ物を探すための器官であり、匂いは、信号（サイン）です。食品の価値を表現する感覚として大切なものです。おいしい料理に特有の香りは、いつしかおいしさを期待させるサインとなります。

イタリア料理のニンニク、日本料理の醤油などは、代表的な期待のサインになっていますよね。お好み焼きのソースの焦げた香り、カレーを煮込んでいるときのスパイスの香り、うなぎの蒲焼きのたれが焦げた香り。すべて人々を食行動に駆り立てるものです。

香りには、鼻の穴から嗅ぐ香りと、口に入った飲み物や食べ物の香り成分が喉の奥から鼻腔に逆流するように入って感じる香りがあります。料理を食べた時には、その両方が合体してお

【図表30　「香り」を使用することばの構造】

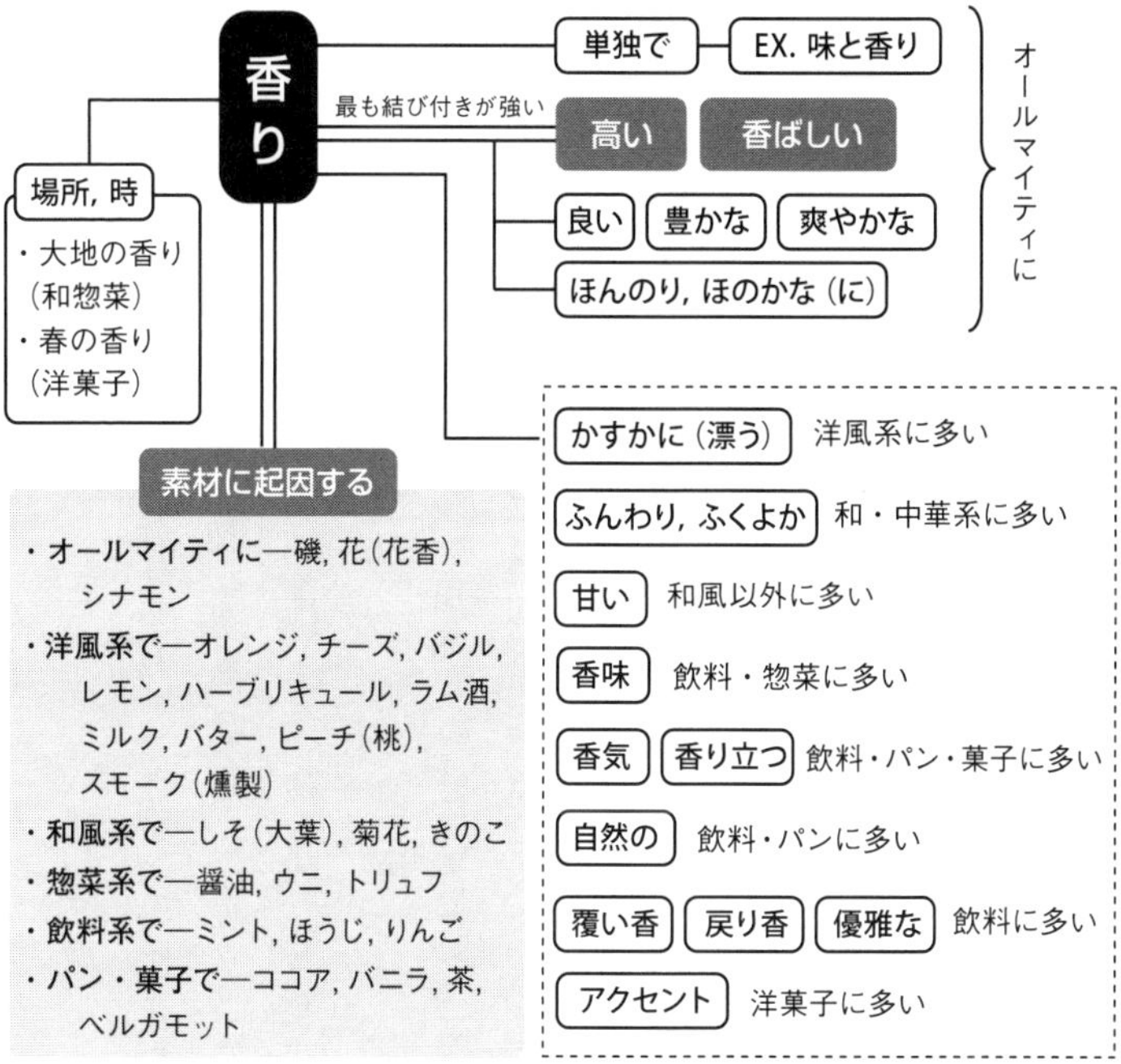

（著者作成）

いしさとなっていることが重要なのでしょう。

図表30に「香り」を使用することばを構造化してみました。「香り」が、食べ物のおいしさを表現する言葉として大変重要な役割を担っていることがわかります。シナモン、しそ、ココア、バニラ、レモン等は、素材名が入るだけで香りをイメージします。また、「高い、豊かな、ほのかな」といった形容詞・形容動詞と組み合わせて、「香り高い」「香り豊かな」「甘い香

り」「香り立つ」「ほのかな香り」などの言葉が多用されています。食品の価値を表現するワードとして大切なものです。

香辛料の基本的な作用は、香りやおいしさを演出する装置です。食べ物に色づけする効果もあります。食物の持つ臭みを取る効果もあります。さらに重要な作用として、「辛味」を加えます。好ましいヒリヒリした知覚は、食べ物の味覚と脳の中で融合され、おいしさが相乗的に増進し、食欲が増大するのです。

辛味は、「甘味・苦味・酸味・塩味・うま味」という5つの基本味に入っていません。その理由は、辛味をキャッチするのは味細胞ではなく、口の中の粘膜に分布する「三叉神経」という神経細胞だからです。例えば、唐辛子に含まれる香辛料の主成分「カプサイシン」は三叉神経の終末部にあり、熱さや痛みに反応する部分を刺激します。即ち、唐辛子のピリピリ、ヒリヒリ感は味「味覚」ではなく、感覚「刺激」なのです。

また、カプサイシンは、消化器官から吸収しやすく、結果、唾液分泌量を多くし、末梢血管を拡張して血液量を増加し、体温を高める作用があります。唐辛子が好きな若者が増えてきていますが、現実に、体の血行がよくなり、さわやかな気分になり、体調も改善されるのが実感されるので、どんどんはまっていくのではないでしょうか。

もう10年以上も前から、お客様から寄せられてくる各種問い合わせで、スパイスに関するものは、調味料としてよりも健康機能、効果としての問い合わせが主流になっています。料理づくりよりも、健康のほうにお客様の関心が移っていることがわかります。

◆9 脂肪は執着性があり、味覚を増強。

脂肪を含むものは、食べ物をおいしくします。しかし、不思議なことに脂肪単独で食べた場合、それほど強力な刺激はありませんね。脂肪によるおいしさは、甘味、酸味、塩味のような、いわゆる味覚とはやや次元の異なる刺激なのです。

脂肪自体は味のないもので、食感に影響を及ぼし、おいしさの形成に関与するとされてきました。しかし最近の研究では、味細胞膜に脂肪酸が結合する受容体の存在が明らかになり、味覚効果としておいしさを発現することがわかってきています。つまり、脂肪を多く含んでいる料理を摂取することによって、人の舌の奥にある脂肪に反応する細胞が興奮し、その細胞の興奮が脳に伝えられ、他のおいしさを増強するものと考えられています。

脂肪は、脳が無限に食べたいと思ってしまう、執着の起こる味であるとされています。一旦、脂肪のおいしさを知ってしまった人が、それから逃れるのは容易なことではないようです。ハンバーガーが定着したのも、「マヨラー」と呼ばれるマヨネーズ好きが増えたのも、そのためとされています。

おいしいものを食べることは、幸せでいいことです。しかしながら、脂肪、カロリーは、健康・美容の大敵とされています。何度も言いますが、よく考えると脂肪が悪いのではなく、食べ過ぎること、運動しないことが問題なのです。脂肪は体に無くてはならないものです。

食品メーカーにとって、おいしさづくりは大変重要な技術であり、最重要戦略です。多くのお客様に支持されるおいしさづくりが、その製品をトライした人に感動を与え、クチコミを生み出し、続きのトライを生み出します。おいしいことは、繰り返し買っていただくこと、「リピート」につながるわけです。味覚調査は、食品業界でのマーケティングリサーチの根幹にあるもの、これは、食品メーカーの基本ですが、意外と気がついていなかったり、軽視しているように思います。

五　おいしさに影響を与える要因～食べる人の側に立って～

メーカーが発売する新製品に対して、お客様の行動は慎重ですが、試食していただくことは、必須ですよね。ここでは、お客様、すなわち、食べる人の側に立って、おいしさに与える影響を考えてみましょう。

自分自身も食べる人の一人ですから、自分にあてはめて考えてみてください。ビジネスの社会では、何かお客様は特別で、自分とは異なると考えて発言する人が多いように、わたしは経験から感じています。

◆生まれつき持っている要因

人は生まれつき、「おいしい」「まずい」を区別する能力を持ち、それは本質的に、各動物にも共通です。このことをよくふまえないといけないですね。リサーチを進めていくときのベースとなるものです。

生命維持のために必要な栄養物、避けるべき毒物には各生物に共通するものが多く、それは進化の過程で身に付けた生まれつきの化学感覚（化学物質が刺激となって生じる味覚と嗅覚の総称）機能です。

そして、味や食経験は記憶されやすく、長く持続するという側面をもっています。生まれながらにして持っている単純な仕組みだけで、嗜好が営まれているのではありません。

初めて経験する食物には、摂取していいかどうかを、味覚、嗅覚を含めた全ての感覚を動員して検査するといった、注意深い行動「新奇恐怖」をとることも各動物に共通です。したがって、メーカーが発売する新製品、本当の意味で新しい製品に対して、お客様の行動は慎重になります。まして、広告もしていなければ、トライしていただくことは極めて困難になることを考えなければなりません。

それを口にしてみて安全だと分かり、おいしければ、その味を覚えて、次からは警戒せずに食べる。このような学習を専門的には「安全学習」と言うのだそうです。

メーカーが、新奇性（目新しい）の高い新製品を導入する時は、認知率をあげ、どこのお店にも取り扱いがあり、目立つ売り場にも置いてあることが必要です。食品であるならば、できれば、試食していただくことも必須ですよね。新しい製品であれば、より多くの人に食べていただく努力が欠かせないと思います。

ちょっと売れないからと終売する短絡的な姿勢ではいけません。何故発売したのか、もっとメーカーは、発売した商品を大切にし、定着のための努力が必要で、それをしない製品なら発売しないほうがいいと思います。大塚製薬さんは、カロリーメイトやスゴイダイズ等、新奇性のある製品を粘り強く、認めてもらえるまで続けてきました。頭が下がります。

◆ヒトの体が自然と求める要因

同じ物を食べても、「おいしい」「まずい」は人の体の状態によって変化します。まず、最初に空腹時について考えてみましょう。

「空腹」という感覚を生じさせる大きな理由の一つは、血液中のブドウ糖（血糖）の量が少なくなることです。血糖値は常に一定のレベルを保つ必要があるものだから、低くなっても高くなってもそれを感知し、食行動の調節によって適正な値を保とうとします。空腹感は、おいしいものをよりおいしく食べさせる作用があると言えます。しかし、空腹時にいくら食欲が亢進していても、あまりに嫌なものは嫌なままですが。

食のビジネスに携わる者に最も大切なことは、お客様の日々の生活の中で、空腹という症状の実態がどのようになっているのか、を知るということだと思います。しかし、今までにあまり調べられたデータを見たことがありません。現代のような飽食・豊食の時代に、空腹を感じることはあるのでしょうか。

先日、ある会議で、わたしが、「あーお腹空いた」と言ったのですが、「健康ですね」と指摘されました。何を意味するのかよく考えてみないといけないですね。つまり現代人は、空腹感がなくなってきているのでないかという仮説が浮かびあがりますね。

次に、肉体的疲労時について考えてみましょう。肉体的に疲れたときに、甘いものが欲しくなるのは、糖分、すなわちエネルギー源であるブドウ糖を体が要求しているからです。身体運動後の味の嗜好性変化では、食塩（塩味）やグルタミン酸ナトリウム（うま味）の嗜好は変化しないけれど、蔗糖（甘味）の嗜好は増加します。

また、肉体的疲労時には甘いものの他に、酸っぱいもの（クエン酸、アスコルビン酸）もおいしく感じるのです。何故なら、クエン酸は、疲労によって生成される乳酸を水と炭酸ガスに分解して体外に追い出す働きがあるといわれているからです。さらに、新しい乳酸を作りだすことを予防するため、疲れを癒してくれます。「酸っぱいものが食べたい」と思ったら我慢せず食べるようにしたほうがよいのです。ここにも宝がありそうですね。

肉体疲労ではなく、精神的疲労ではどうでしょうか。精神的に疲れたとき唾液成分は、苦味抑制作用のあるリン脂質が増加すると言われています。すなわち、ストレスを負荷することにより、苦味の感覚が低下するとともに、苦味を快く感じるようなります。仕事が終わった後、お酒を飲むサラリーマンは、ストレスがたまっているので、苦いビールは、おいしいということになるのかもしれませんね。

また、タニタ食堂では、精神的疲労が強い場合、体内に活性酸素が増加することにより、免疫力が落ちるケースが多いのでβカロチン、ビタミンC、Eにポリフェノール等の抗酸化成分を含む野菜、果物、きのこをしっかり摂るように勧めています。こういう成分は、なかなか体で実感できないかもしれませんが。

その他、参考までに提示しますと、食事をしていて満腹になったとしても、また一つのものを食べてそれに飽きがきても、別の風味のものならおいしく食べられるという現象があります。感覚特異性満腹と言いますが、いわゆる「別腹」です。ご飯の後のデザートが定型的な例ですね。

マーケティングリサーチの世界では、よく、直接お客様に「何が欲しいですか」を聞いてしまうケースがあります。社内説得に好都合だからです。なんでもお客様に聞いてわかるものではありません。宝探しの大切なことのひとつに、動物として人間の本能の部分をくすぐることの大切さ、人間の本能をよく理解することの大切さを痛感します。「科学が証明する食品のパワー」なんていうのも、ワイドショーによくあるネタです。人のココロとカラダを理解することは難しいですが、それを研究しないと、もう新しい価値の創出はむずかしいと考えるべきかもしれません。

宝探しのキー：㉚　空腹感～空腹感が強くなる食品～

食品マーケットのもっとも大切なことは、お客様に日常生活の中で空腹感があることです。空腹感があることが、おいしさにつながり、食の大切さにつながり、家族の団らんにつながり、一人ひとりの健康につながります。逆手をとって空腹感が強くなる食品もありそうですね。

◆生後に経験的に獲得する要因

食べ物を好きになるプロセスは、経験に基づいて獲得した学習の効果と考えられます。例えば、ある食物を初めて食べた後で、体の調子が悪くなれば、その食物の味や匂いを長く記憶に留め、二度と同じ物を口にしたくなくなります。みなさんも経験があると思いますが、これを専門用語では、「味覚嫌悪学習」と言うのだそうです。

一方、ある食物を食べた後、具合の悪かった体調が良くなったようなケース、ある食物や料理を食べると元気が湧いてくるケース、等。その食物や味を手掛かりにして好んで食べるようになります。これを「味覚嗜好学習」と言うそうです。

人は、このような学習を通じて、食べていいものと悪いもののレパートリーを増やしてきたのだと考えられています。わたしは、冬に鍋物で野菜をたくさん食べるとお腹の調子もよくなり、翌日は快調。いや、快腸かな。

食経験が豊かになると、少しずつ、より微妙な味の違いがわかってくるようになります。このことを「弁別学習」と言うのだそうですが、おいしさづくりには、食経験がもっとも大切であることは当然ですね。開発担当者は、もっともっと、いろいろな食を、いや、世界中の料理を経験することが必要ではないでしょうか。

メーカーは、より多くの人に、開発した食品を食べていただくことが基本。食べ続けていただくことが基本です。このことを忘れてはいないでしょうか。「食べて大いに満足した」「何度食べても飽きない」いや「懐かしいおいしさ」等、お客様の満足された発言を集めていくことが大切です。食品メーカーが生き残る最上の策は、「食べ続けても飽きない食品の開発」ですからね。

◆先入観や環境情報操作から受ける要因

人は、先入観念や情報操作から、「おいしさ」「まずさ」の影響を強く受けます。例えば、明らかな好みの違いがあれば別ですが、銘柄間の味の違いが微妙なときほど、具体的な事実に基づかず、頭の中で組み立てられた情報だけで判断します。現実が差別化を明確にできていない場合、観念的要因の影響を受けやすくなるのです。

消費者が何を買うかは、上手な宣伝が最も効果的であることは、事実です。しかし店頭に並べて置くだけでは、ほとんどの消費者にはおいしさの認識はできないはずです。さまざまな情報操作が効果を発揮します。情報誌に紹介された店や行列のできる店の食べ物をおいしいと思う心理は、情報操作によるものであり、観念的要因です。

食行動は「人のうわさ」「ブランド志向」「先入観念」「宣伝広告」などにより大きく影響を

受けています。「これはおいしいもの」と信じれば、おいしくなるのです。しかし、人は、食べ慣れていない食物に対して、そのおいしさやおいしさの微妙な違いを即座に判断できないということも考慮しておく必要があります。

わたしがまだ現役の頃、よく感じたことですが、試食会で誰かが「まずい」と発言した途端に、全体の雰囲気が大きく変わってしまいました。本音のところ、試食している人は、それほど自分の味覚に自信があるわけではないのです。

おいしく食事をするには、心身ともに健康であるべきなのは当然のことですが、難しいですよね。自信があやしくなるほど、おいしさは、食べる環境の「快・不快」情報に左右されます。

環境情報という情報もあります。外的環境の一例として、BGMに速いテンポの曲を流すと、遅いテンポの曲に比べて、約15％噛む回数が増えるのだそうです。内的環境の一例としては、思い込みがあります。「おいしいはず」と思い込んで食べれば、さほどおいしくなくても、おいしいと感じてしまうことがあるということです。逆に「まずいはず」と予測して食べたときに、それほど不満がなければ、かえって「意外においしい」という高い評価を得ることがあります。また、CMであまりにおいしさを強調すると、消費者の「あてがはずれて」、かえって評価を落とすことにもなります。

情報が、かなりおいしさに影響するのは、間違いのない事実です。情報の心理的影響をよく考えていくと、そこに大きな宝が眠っている可能性がありそうですね。

宝探しのキー：㉛　情報伝達の革新～テレビ離れへの対応～

食行動、購買行動に、テレビCM等の広告が大きな影響を与えていることは、わかっています。しかし、その質や伝達力を事前調査することは、何故か治外法権で、企業内では経営層等一部の人たちに情報が限られています。不思議な世界です。最近では、テレビ・新聞・雑誌など従来の巨大メディアを、あまり見ない若者が増えました。さあ、ネット広告ですか？　彼等への情報伝達を再構築することが求められます。

六　おいしさをあやつる物質

発酵食品が人を魅了するのは、酵母、乳酸菌、麹菌などを使い原料を発酵させると、飛躍的に香味成分が増えるからです。米から日本酒、ブドウからワイン、大豆から味噌や納豆、牛乳からチーズ、小麦粉からパンなど、いずれも複雑で特徴のある香気をともないます。これを「芳しい（かぐわしい）」と表現するのだそうです。

発酵食品は、一度口にすると「履歴現象」（第一印象が深いのでそれが脳裏に固定され、いつまでも忘れず覚えてしまうこと）が発現され、長く記憶され、飽きさせません。好みが人によってはっきり分かれるのも発酵食品の特徴で、一度好きになると、やみつきになりやめられなくなります。

アルコールは、食事に際して、調理に際して、いろんな場面で活躍します。調理時に使用するアルコールは、その成分の多くが調理中の熱で蒸発しますが、香りが、食材に含まれる「アミノ酸」「糖分」「うま味成分」「カテキン類」などの味覚との相乗効果を果たしてくれるのを期待して、どんどん使われます。料理用でなくアルコール飲料としては、食前酒、ビール、焼酎など、どれも気分を高揚させていい気持ちにしてくれ、食を促すといった、食欲増進剤の効果があることも事実です。

近年、感情やココロの働きには、脳内活性物質が関与することがわかってきており、「ベンゾジアゼピン」「β-エンドルフィン」「ドーパミン」は、おいしさにも影響するとされています。特に、抗不安薬として臨床的にも広く用いられている「ベンゾジアゼピン」系の薬物は、食物を好ましく思い、好きになるプロセスに関与し、おいしさを増強すると言われています。

おいしさの本能「快感、恍惚感、愉快な気分」などの発現に関与する「β-エンドルフィン」を代表する脳内麻薬物質は、おいしさの発現の物質的基盤であると考えられています。「ドーパミン」は交感神経節後線維や副腎髄質に含まれる生体内アミンの一種であるカテコラミンという物質のひとつです。わたしたちの食べ物の中に含まれるフェニルアラニンやチロシンというアミノ酸から、酵素の働きによって「ドーパミン」になることがわかっています。「ドーパミン」はその食物をもっと食べたいという欲求や動機づけに関与します。

おいしさをあやつる物質、そのほとんどは、脳をはじめ体のどこかに作用することは否定できません。ですから十分な検証が必要ですが、体に害のないおいしさをあやつる物質というキーワードも、宝につながる一つです。

もう一つ、おいしさに関わる話題として、「味覚異常」について触れておきます。亜鉛不足で新陳代謝が行われなくなると、細胞は生まれ変われず、機能が果たせなくなり味覚異常が起こることがわかっています。

最近、偏食による味覚障害の若者が増えているようです。味覚の異常を訴える患者は年間14万人以上もいて、その30％（年間約4万人以上）が個人の食習慣に由来する「食事性味覚障害」と言われているのです。これも飽食時代の副作用なのかもしれませんね。

味細胞の再生を促す亜鉛食品の代表は牡蠣です。他にも亜鉛を豊富に含む食材を使えば舌をいたわることになります。味覚の神経伝達を活性化させるのには、ビタミンB2、ビタミンB12が効果的であると言われています。

宝探しのキー：㉜　体に害がなく習慣性の少ない「麻薬的食品」

食品メーカーが手がけるには、少しあぶない気もしますが、お客様の行動から考えると大切な視点なのです。パンを焼く匂い、コーラ、マヨネーズ、しょうゆが焦げた匂い、カレー、うなぎのかば焼き等。食べずに匂いを嗅ぐだけで、脳に作用するものもたくさんあります。危険な「麻薬」ではなくて、人を幸せにする「麻薬的食品」にも、可能性は開けています。

第7章

新市場創造の突破口を開くために

わたしは、1982年から2013年まで、食品メーカーの工場、研究所、マーケティング本部の中で、新製品開発や企業活動支援という立場からマーケティングリサーチを実践してきました。リサーチの大切さ、楽しさ、そして難しさを、わたし自身で数多く体験してきました。最後に、それらを踏まえて、食の未来について、また、マーケティングリサーチのこれからについて、述べさせてください。

マーケティングリサーチがしっかりと日本の企業に根付き、新市場・新カテゴリーが開発されることで、さらにレベルの高い食生活の実現のために、お役に立ちたいのです。徹底したマーケティングリサーチで、新しい突破口を開くために応援したいと思っています。

一　リサーチは、失敗を予測するが成功は保証しない

◆これが今の日本

日本の食は本当に豊かでしょうか。現在の日本のマーケットの閉塞感は、どこから来ているのでしょうか。食べ物は豊富にありますが、その食べ物には、温かさ、安らぎ、団らん等、優しさや思いやりが欠けていると思いますが、いかがでしょうか。

街中では、おばちゃん、おばあちゃんの存在が大きい一方で、子供は少なく、公園にも、シャッターの下りた店が目立つ商店街にも、活気が無くなってきていることを、ヒシヒシと感じます。このような状況下にあって、日本でビジネスを展開していくには、どのようなイノベーションが求められるのでしょうか。食品メーカーは、いままでと同じビジネスモデルで生きられるとは考えていないと思いますが。

いや、日本はそんなことはないよ、こんなに豊かで穏やかで、貧富の格差だって他の先進国と比べても少なくて、とおっしゃるでしょうか。中国に比べてみれば、日本のほうが、所得格差は少なく富の分配は比較的平等で、まるで共産国のようですよね。生活者には大きな不満は少なく、生活満足度は高く、収入に関係なくスマホを持ち、外見からみれば、みんなまずまずの生活をしているように見えます。今は多少、景気が持ち直していると感じている人も多いでしょう。でも、東京オリンピックが終わったあとを考えると、ぞっとする時があります。

日本の食品メーカーは、高齢化、少子化、シングル化、家庭の変質を伴うマーケットの成熟化と縮小、小売流通業の巨大化、健康意識や環境意識の高まりという流れの中で、まさに今、苦悩しています。とりわけ、川上の農産物・畜産物・水産物を自ら押さえていない食品メーカーは、非常に苦しいのではないでしょうか。新しいカテゴリー開発、また、お客様とのコミュニケーション開発という視点からのイノベーションがないと、食品メーカーのジリ貧は避けられないでしょう。団塊の世代の高齢化の進展とともに、マーケットが一気に衰退する可能性は大きいです。

最近、書店で「気がつけばチェーン店ばかりでメシを食べている（村瀬秀信著／交通新聞社）」という本を見つけました。コピーにこんな表現がなされていました。「ウマいか？→まあ、フツー。安い？→まあ、そこそこ。早い？→まあ、確かに。」と。ニヤリとしてしまいました。当たり前と思える都会生活者のシルエットが浮かび上がるタイトルでした。

同じ機能を持ったコンビニエンスストアが繁殖し、ファストフードに並ぶのは有名ハンバーガーチェーン、牛丼チェーン、立ち食いそば、カレーショップ、コーヒーショップなどなど。さらには、一時の低迷からスタイルを変えて復活したファミリーレストラン、世界に進出するうどん屋、そんな結果として、どの地域に行っても同じような店が街中で目立っています。

◆宝探しに投資しましょう

「新市場創造」とは何でしょう。一言で、「新市場創造」と言っても、そんなにたやすいことではないことは、誰もがわかっています。わたしは、「宝探し」すなわち新製品の発掘と考えて、取り組んできました。

企業が成長し、また、その国の経済が発展していくためには、各業界・各企業での「イノベーション」が必要なのです。イノベーションには、とりわけ、研究開発、新技術開発を伴うものが多いと思います。わたしは、商品でイノベーションができるのは、研究所で基礎研究、製品開発や技術開発をしている人たちだと思っていました。その人たちがイノベーションにトライしてくれないと、企業は、新しい市場を開発することは難しいだろうと感じていました。

研究所の研究員や開発担当の方々に、「その商品企画は、できません」と言われたらショックは大きいですよね。たとえ、困難であっても、「何とかやってみましょう」と言ってくれたらと思うことがよくありました。

何を開発し、どんな新技術が必要か、その技術は、どんなベネフィットを生み出すか、最初の段階からマーケティングリサーチが必要なのです。わかっているのに、企業はリサーチにお金をかけたがらない傾向が強くなってきているように思いますが、いかがでしょうか。

わたしも企業の中にいて、リサーチを担当していろいろな経験をしました。たとえば、商品を企画し開発仮説を設定するためのリサーチに、費用を使いにくい、使いたがらないマネージャー、マーケッターが多いのです。何故なら成果の保証がないからです。

成果の保証があることがわかれば、誰でも投資します。保証がないけれど投資するために、経営者、役員がいるのではないでしょうか。お客様起点といいながら調査しないケースがあります。また研究所は、開発する製品が売れることを調査で保証しろというケースが多々ありました（製品開発前に）。一方、事業部は発売のための説明材料にすることであれば調査したがる傾向が強いことは、リサーチを担当したものであれば実感として感じているはずです。そして失敗すれば、「調査でＯＫだった」と言い訳をするために。しかし、調査をしてもその結果を無視して市場に導入しています。かなりの確率で失敗するケースが多くなるのですが。

リサーチは、新製品の失敗は予測できますが、成功は保証しません。でも、成功のための道筋は見えてくるはずです。

◆企業はリサーチのプロを抱えなさい

マーケティングを実践するためには、つねに新しい情報、事実を確認することが必須であり、リサーチは、企業活動にとってとても大切な機能です。しかし最近では、大手メーカーでさえも、市場調査部やリサーチ部が独立している企業が少なくなり、また、メーカーの中にもリサーチのプロが減少しているように思います。とりわけリサーチは、できれば、トップ直轄であることが理想です。何故なら多く組織の中で、お客様の側に立って、行動し考えているのはリサーチ部だけだからです。事業部の中にあることはあまり好ましくないです。事業部の人たちが本当にリサーチの基本を理解していればいいですが、社内説得の手段として使うことが避けられないからです。

また、リサーチを外部に丸投げしているところも多いと聞きます。これでは、お客様を正しく理解するのは、ますます難しくなると言わざるを得ません。国内外で、広告代理店に、新製品の発売の可否のリサーチを丸投げしているケースをよく見かけました。広告代理店の人たちは、悪気はないのでしょうが、彼らの仕事は広告を作ること。したがって、新製品の可否の判断というよりは、発売することが前提ですから、本当に正しいリサーチができるのかと疑って欲しいものです。同じ調査をしても業務の目的が異なりますからね。

新製品を開発するときに、マーケティングリサーチを徹底的に実施することは、結果として、リスクを最小限にし、失敗の確率を低下させるのです。特に、市場に大きなインパクトを与えるには、「強い潜在ニーズ」を発掘し、そのニーズを技術、流通、カテゴリーを生かした独自の新製品にまで仕上げることが求められます。ニーズ探索から市場を創造しようとした場合には、いつも新製品、新市場を作るのだという強い意識を常に持って行動しないと、新しい市場に出会っても気づかないと思います。潜在ニーズは必ずあるが、あるのに気がついていないか、それとも実現不可能だと思ってあきらめていることが多いのではありませんか。

一般に企業に勤めている人は、サラリーマンですから、新しいことにチャレンジして失敗するよりも、何もしないで失敗しないほうを選択している人が多いのではと感じることが多々ありました。少数を認めず、多数を正しいとするのが日本人の特徴だと、よく耳にするのは残念なことです。人事制度の問題もありますが、新しいことにチャレンジしている人をいかに評価するかが大切だとわたしは思います。

潜在ニーズを発見して具現化すれば、未来に大きな市場を形成する製品が生まれる可能性が高いのです。新市場の芽は、すでに市場の中にマイナーでほとんどの人は気づかないけれど存在している可能性が高いのだと私は考えています。したがって、商品企画、開発を担当している人たちは、「潜在ニーズ、新市場の芽は、必ずある」ということを前提にして、お客様を、市場を、そして観察していただきたいです。きっと見つけられるはずなのです。

その芽に気がつくためには、幅広い知識、経験、好奇心と根気が必要なのです。この業務を遂行する人には、適・不適があるようにも思います。食の場合ならば、料理を自分でもし、世界中のおいしいものを食べ歩く等の豊富な食経験と、食品化学、食品科学、栄養学、農学、家政学等、食の豊富な知識も持っていただきたい。そして、食に限定せず、その周辺領域の調査もしていないと、新市場や新製品の開発は、おぼつかないのではないでしょうか。

二　ユーザーイノベーション

昨今、マーケティングの世界の中で、わたしが注目しているコンセプトは、『ユーザーイノベーション』です。わたしの30年のリサーチ現場での経験から、素直に呑み込めるものです。若い頃読んだアルビン・トフラーの「第三の波」の中で言われていました「プロシューマー」、最近のハーバード・ビジネス・レビューの中で指摘されていました「スーパー消費者」も、これによく似た考えた方だと思います。わたしたちも新製品探索の中で、過去に「できる主婦の工夫は、できない普通の主婦向けの商品になる」という仮説で調査したことを思い出しました。

Wikipediaによれば、「ユーザーイノベーション」とは、「マサチューセッツ工科大学のエリック・フォン・ヒッペル教授が提唱するイノベーションの発生原理」のことです。「従来はイノベーションは企業の研究所や一部の発明家などによって生み出されているとされていたが、ヒッペルはむしろ使い手であるユーザーが、目的を達成するためにイノベーションを起こすことの方が多く発生しているという説を唱えている。」と解説しています。

また、ハーバード・ビジネス・レビューでは、「スーパー消費者」のことを次のように定義しています。「ヘビーユーザー、ロイヤルユーザーではあるが同義でない。そのカテゴリー、製品に深く関与する人達で、最大の特徴は、その製品の革新的な使い方と製品の新しいバリエーションに強い関心がある人達」と。その製品を使う場面も多く使い方も詳しい。自分なりの使い方を持っている。その製品を体験して得たポジティブ情報を持っているのです。課題も提起できる能力があり、新製品のアイデアを評価できる消費者なのです。ネットの普及により、そんなスーパー消費者を調査で探すことが容易になってきました。国内の研究者では、神戸大学の小川進教授が著書『イノベーションの発生論理』（千倉書房）と『競争的共創論』（白桃書房）で日本における事例をまとめておられます。国内の実施事例としては、エレファントデザイン㈱の「空想生活」、㈱エンジンの「たのみこむ」などの第三者的なサービスを提供するケースと、無印良品のネットコミュニティなどの事例が成功例として提示されています。

◆ユーザーイノベーションの事例

小川先生がネット上で、お話になっていることを引用させていただきます（president.jp「消費者イノベーション」とは）。

先日、ある大手食品メーカー社長と会った。「先生、今度、学外向けに講演をされますね。どんな内容ですか」との質問。「消費者が製品イノベーションを実際、どの程度行っているかということについて話します」。そう私が答えると彼は特に関心を示すことなく別の話題へと話を移していった。

こうした経験をこれまで何度したことだろう。消費者が製品革新していることに興味を示し、私の話を真剣に聞こうとする経営者は残念ながら日本にはほとんどいない。

理由を考えてみた。まず、「消費者による製品イノベーションの実物」を見ると、モノづくりのプロからすれば自分たちの完成水準と比べて欠点の多い粗悪品にしか見えないということがあるだろう。消費者がつくり上げた製品の例を写真で見ると間に合わせ程度の部材や素材をつなぎ合わせている場合が多い。お世辞にも「洗練されている」と呼べないものばかりだ。そうした見かけに目を奪われると、製品の背後にある消費者が直面する問題や解決上の工夫を見抜くには至らないだろう。

また、消費者による製品イノベーションの多くが自社の技術開発マップや製品設計思想とは無関係につくられている。いかに画期的製品でも自社の技術や製品デザインの統合性を壊しかねないものを積極的に受け入れるわけにはいかない。大きな需要が期待できるなら検討しないわけではないが、その時点で市場の潜在的大きさを予感させるデータがあることは、ほとんどない。

さらに消費者イノベーターの多くは一発屋だ（少なくともそう見える）。ある消費者がメーカーや他の消費者から見て魅力的な製品を作る場合があっても、当人にとっては一生に一度、あるいは数回程度でしかない。数多くいる潜在的消費者イノベーターの中から真のイノベーターをタイミングよくピンポイントで見つけ出すのは至難の業だ。そんな効率の悪いことはしたくない。企業がそう考えても不思議ではない。

「そんなチマチマしたことが理由ではない」。そういう声も聞こえてきそうだ。理屈を超えたところでメーカーとしてのプライドが消費者による製品イノベーションに目を向けることをさせないことも大いにありうる。論理ではなく感情の問題だ。私がこれまで行ってきたメーカーの製品開発担当者への取材でも「消費者の下請けになり下がって何が楽しいのだ」という気持ちがひしひしと伝わってくることが何度かあった。確かに消費者が開発した製品を自社に取り込んで販売成績を伸ばせたとしても、そこでスポットが当たるのは消費者のほうだ。技術・生産やマーケティング上の様々な問題を克服して製品化にこぎつけ、売れたと思ったら手柄は消費者ということになれば開発担当者にとって思いは複雑だろう。

以上が先生のお話の一部です。納得できることが多々あります。企業は、お客様起点と言いながら、たぶんお客様の生の声を聞いていない、でもお客様からのクレーム、問い合わせには敏感なのでしょう。実は、新製品・新カテゴリー・新市場の開発のためにお客様を研究するという視点に欠けているのです。生活研究の目的は何なのか。今一度考えてほしいですね。

ユーザーイノベーションとは、先進的なユーザーから学んで、メーカーが新製品を考えるということもあるでしょうが、現代では、一歩進んで、ユーザーが自ら新しい製品を生み出し、さらに事業にまで発展していくということが、現実として起こりつつあるということを教えてくれています。そうでないと今の大手企業では、もうイノベーションが起こらないほどに豊かさに囲まれているからでしょうか。

◆一人の考えとトップの力

新製品、新カテゴリー、新事業の企画開発は、一人の人のアイデア、一人の人のこだわりが基本にあることは間違いないと思います。グループ組織で考えたと言っても結局は、誰か一人の人のアイデア、そしてこだわりが基本にあります。宝探しとて、やはり基本は一人です。

企業、特に大企業の場合、ヒエラルキー組織の中で、若い担当者の声がトップに届くことはまずないですよね。だから若者のアイデアやこだわりは、消えてしまうのです。「新製品の成功は、上司が、企画者の邪魔をしないこと」です。そのための仕組みが大切です。わたしは、小林製薬さんの社員全員のアイデアを抽出し、蓄積し、評価する仕組みは素晴らしいと思います。社長や経営幹部の人もアイデアを出すことが大切なのです。凄いですね。

そして、そこに加えて大事なのは、トップの決断力です。たとえ素晴らしいアイデア、企画でも、それを実現するには大変な時間、労力とネゴが必要です。素晴らしいものが、結局つぶされてしまっていませんか？

わたしの経験では、トップが考えたアイデアとか企画で、トップが実現の指示をすれば、企業内の組織が自然と動きますから、実現の可能性は大変に高くなります。もうずいぶん前、まだわたしが入社して数年、研究所でリサーチの担当であった頃、日航機の事故で亡くなられた浦上社長が「チンフーズ」開発の指示を研究所にされたことがあります。小売の店頭に3尺1本24アイテムの一挙導入が実現するのに、一年程度であったと記憶しています。凄いです。わたしは、研究所20人のプロジェクトのリサーチ担当と事務局をしていましたので、今でもよく覚えています。ご存じでしょうか、「レンジグルメ」といいます。

メーカーは、トップの直轄に商品企画部門・リサーチ部門をおくべきだと思います。あくまでも開発テーマの指示は、社長からでないと特に新奇性のあるものは、実現のスピードも上がらないでしょう。「経営幹部が反対した企画のほうが、成功する確率は高い」ということもよく言われていることです。わたしもそう思います。新製品、新カテゴリーの開発は、経営者がどれだけ「WHAT」何を開発するかを決められるか、が成否を分けると思います。

トップが決めてくれれば、事業部、研究所、営業、工場、資材等企業のすべての機能はスムーズに動くのです。開発の企画は、直接トップに上申し、了解をもらって上で各部門に流すのが一般的ですが、これでは、なかなか他部門は動きませんよ。しまいには、他部門を説得するためのリサーチをして欲しいという声を何度も耳にしてきました。

本当の意味での新製品、マーケットでの新カテゴリー、イノベーションを起こす製品がひとつ開発できれば、その相乗効果により他の製品も引っ張られ、業績は上向くことは確実ですよね。だから、企業の成長のためには、常に、新製品を探し続ける努力を怠らないことなのです。誰が新製品を企画するのかが明確になっていることも大切ですが、社員全員で考える仕組みがあることがもっと大切です。多数決ではありませんよ。そして、迅速に製品化に動くための、トップの判断。新カテゴリーとなる新製品は、最初は、たった一人の人の考えからスタートします。それを企業自身が邪魔するようなシステムになっていてはいけないのです。

三　食品メーカーに求められるコンセプトと役割

宝を探すことが、マーケティングリサーチの重要なテーマであることは、お分かりいただいたと思います。食品分野に限定されるかもしれませんが、これからのコンセプトのあり方についてまとめてみました。

一番目に挙げたいのは、食の市場に「簡単便利」が行き過ぎたということです。「簡単便利」だけでは、もうコンセプトにならない時代です。「調理の時短」が典型的な事例です。本来、調理に時間がかかるメニューを、簡便志向が強いから時短する、という考え方がよくあるのですが、そのような料理は、時間のない時に選ばないものです。

料理研究家が時短の技をテレビで披露しています。確かに、その斬新な工夫、手際の良さ、段取りのうまさは、なるほどと思います。しかし、「時間がないから、一分で食べられる製品を食べましょう」という番組はないですよね。「簡単便利」は、簡単で便利。でもおいしくなければ、不便？「簡単でおいしいから便利」なのです。

二番目に挙げたいのは非常に重要なこと、「健康」です。食で健康を考えると、長いスパンで食を評価する必要があり、繰り返される毎日毎日の中に、楽しさと思いやりが必要になっているような気がします。「料理」と「健康食品」と「薬」、さて、どんな競争になるでしょうか。わたしは、食品業界にいますので、やはり、健康になりたかったら、自分で作って食べるという行為こそ最も大切であり、根気よくお客様に訴えていく努力をすべきことだと思っています。

特に子供たちのために作るということは、一緒に暮らす親の義務であり、子供たちが健康に育ってほしいという願いは、人類のみならず、いろんな動物に共通する本能です。だからお母さんは、子供がいくつであろうとも、子供のためには食事を準備する、いや、料理を作るのです。おいしさと健康を合わせもった食品や料理はこれから、ますます伸びていくものと思います。

三番目は「環境」です。「環境」は「簡単便利」と両立するかが問われています。コンビニ等に行けば、ずらっとカップ食品が並んでいます。その勢いは衰えるとは思えません。カップ食品には、ヌードル、スナックなどいろいろあります。スープもそうです。どれも環境には、あまり、やさしくはないですね。でも簡便性というベネフィットを強く持っています。

セブン‐イレブンを見ても、どこが環境対応だと言いたくなります。一人暮らしをしているとあっという間にゴミ袋がいっぱいになることと思います。ほとんど食品ですね。一人暮らしの人は、そのゴミに、野菜くずのほうが多いか、パッケージ類のほうが多いか見てみると、最近の食生活を反省するいい材料です。環境のみならず健康にも多いに関わる、自分を見つめるいい鏡になっていると思います。

カップ製品は、環境を考えると、これから大きな変化が起こるべき分野だろうと考えていますが、誰が引き金をひくのでしょうか。今は、カップであることが、便利で安くておいしいのだと思います。しかし、これからの食に求められるのは、健康に導かれる環境配慮ではないかと感じています。

四番目は、心が感じる「おいしさ」の問題です。先ほど「健康」のところで述べましたが、やはり調理をすることが大切で、誰と食べるかが大切です。大学の心理学部の教授からお話しを聞いた中に大切な見解がありました。「楽しさがないところにおいしさはありません」。子供たち、幼稚園児が、一番たくさん食べるのは給食の時だそうです、家庭ではありません。子供たちは、楽しければたくさん食べるのです。

また、ある実験によれば、人は、たくさんの料理が用意されているほど、たくさん食べます。したがって、食品メーカーが少量パックを出すのは、本来なら愚の骨頂、やるべきではないことなのです。それよりも、たくさん食べたくなるようなシーンを演出できるような製品を提供することが、食品メーカーのすべきことのはずです。少量パックを出すことは、メーカーでなく小売がやるべき仕事かもしれませんね。

アメリカの食の心理学者、コーネル大学のワンシンク教授によると、映画館でのポップコーンの実験で、小さなカップと大きなカップにポップコーンを入れて、映画館に入る時に渡し、上映終了後に必ず回収したのです。そうしたら、多くのポップコーンを渡された人のほうが、たくさん食べていたのです。ということは例えば、安くするために量目や皿数を下げていくことは得策でしょうか。市場の縮小する方向を、加速しませんか？

少量で安く値ごろにしたなら、市場が拡大するというのは、メーカー側の大きな間違いかもしれません。商品開発の分野は、すぐ目の前の結果だけでなく、中長期的な視点も重要で、これからは生理学と心理学の両面からの研究が、ますます必要になると思います。メーカーには、将来に向けてのイノベーションが必須です。それは、ロングセラー商品を生むイノベーションかもしれません。

基本に戻って考えてみました。食品メーカーが守らなければならないこと、永遠に揺らぐことなく追求すべきことは、「おいしい食べ物であること」「地球にやさしい商品であること」。それは「日々の楽しみのために」「すべての人々の日々の健康のために」「元気で明るく暮らすために」「未来の子供たちのために」であると、わたしは思います。

宝探しのキー：㉝　**楽しいところに「おいしさ」がある**

食べることが満たされている日本においては、楽しくないとあまり食欲がわかないのかもしれませんね。楽しさがないところには、おいしさがない。食べるシーンだけの問題でしょうか。楽しいと「おいしい」のです。

四　食の未来を見据えて～予測年表～

宝探しは、未来予測でもありますよね。世界中の人たちは、きっと将来いいことがあると願いながら、日々暮らしているものと思います。未来は、今、生きている人たちの頭の中に、心の中にあるものでしょう。

【図表31 「食の未来予測年表①】

※総人口・少子化比率・高齢化比率は、人口問題研究所による将来推計人口「低位推計」です。「中位推計」は政策的な数字で、実際には「低位推計」に近い形で人口が推移していくと言われています。

	2007年	2012年（5年後）	2017年（10年後）	2022年（15年後）	2027年（20年後）
総人口（千人）	127,315	126,004	123,556	120,152	116,037
少子化比率（0〜14歳）	13.4	12.4	11.2	10.2	9.6
高齢化比率(65歳以上)	21.2	23.8	27.4	28.9	29.9
団塊世代の年齢	58〜60歳	63〜65歳	68〜70歳	73〜75歳	78〜80歳
人口	熟年離婚増加（年金給付制度改革）	全国の総世帯数がピークに達する（5048万世帯※2015年）	要介護者450万人	75歳以上の団塊世代が世帯主の世帯が20%超	要介護者800万人規模
流通 食	グローバル展開を狙った業界再編（合従連衡）：カーギル、ネスレ、アルトリアなど巨大外資、穀物メジャー、総合商社、味の素など巨大国内企業 異業種を巻き込んだ業界再編：製薬会社、化学メーカー、タバコメーカーなど 川上、川中、川下分野を含めた垂直統合：[川上]：農作物や食肉 [川中]：食品卸 [川下]：コンビニ・SM・外食 食品メーカーの農業経営本格化（囲い込み）：トレーサビリティーによる安全保障にメリット CVSが生鮮品取扱店を拡大		小売・流通業の巨大化によってメーカーの下請け化が加速 農林水産業「工場で生産する時代」へ		安全性、品質ともに高い日本の農作物の海外輸出ビジネスが拡大

（未来予測2006-2020（日経BP社），未来年表（博報堂生活総合研究所），日本の将来推計人口（平成18年12月推計）（国立社会保障・人口問題研究所）より著者作成）

ここで示す食の未来予測年表①～③（図表31～図表33）は、２００７年に、20年後を想定して、未来のことを予測しているセカンダリーデータ、特に、日経ＢＰ社や博報堂、人口問題研究所等のデータや各種文献から抽出したものを編集し、年表の形にまとめたものです。

食の未来予測年表①は、特に、小売・流通と食に関する事柄を集めてプロットしました。２００７年、すなわち約8年前に、20年後までを想定して予測作成されたものです。8年経った現在（２０１５年）そのデータを顧みながら、今後の考察を試みてみましょう。

２００７年と言えば、セブン&アイのＰＢであるセブンプレミアムが誕生した年（ただし、佐藤可士和氏による全面リニューアルは２０１１年）であり、小売・流通という観点で、大きな転換期でもありました。この中で、特筆すべき事柄は、２０２０年以降に実現すると予測されている3つの事柄、「小売業の巨大化によるメーカーの下請け化」「安全、品質ともに高い日本の農水産物の輸出ビジネスの拡大」「農林水産業、工場で生産する時代」でしょう。どれも、すでに現時点で現実化し、その動きは加速化しているように感じます。

「小売業の巨大化によるメーカーの下請け化」について考察します。ＰＢの拡大進展は、メーカーの想像をはるかに超えていたのでしょう。いつしかＰＢはＮＢ化し、いまや業界トップの大手メーカーが、自ら率先してＰＢを供給する時代になっています。そうしなければ、メーカーは、自らのＮＢの位置づけを守れないところにまで来てしまっています。一方、小売は、店頭の品揃えの考え方を転換し、ＰＢが店頭に占める面積は拡大を続けています。これからを考えるとＮＢのトップブランドとＰＢが中心になって、ＰＢを分化していく可能性が大ではないかと予測しています。プレミアム、スタンダード、ロープライス、オーガニック、キッズ等、多面的に分化するのでしょう。ＮＢにとっては、自身の存在を危くしていくものですが、今のところ抗えないのでしょう。メーカーは、下請けと思っていないかもしれないけれど、外からみれば、もうＰＢの下請け的なポジションにあるメーカーが大半です。巨大流通業には、そのシステムとエンターテインメント開発、そして品質と安全でマーケットを制覇する可能性が見えてきています。一つには電子マネーで、セブン＆アイのnanacoとイオンのWAONが成功を収めていることがあります。まだ電子マネーの先行きは不透明ですが、この事実がマーケット制覇の確率を、にわかに高めているのは事実です。

「安全、品質ともに高い日本の農水産物の輸出ビジネスの拡大」につきましては、すでに数年前からその兆候はみえていましたが、お米、和牛、果物、養殖魚等の多くの分野で、日本の優れた技術で生産された食料品が、今や世界中で注目され始めています。日本は、安全性と品質にすぐれた商品を作り出す力で、世界において確固たる地位を築いてきました。今後も世界中に、高品質で安全な食料品を供給できる数少ない国であることは、間違いありません。これが食の分野における日本の生きる道の一つです。国内を相手にしているだけでは縮小していくしかない日本の食マーケット、海外を狙わなくては拡大が望めないのは、自明の理です。

「農林水産業、工場で生産する時代」につきましては、よく話題に上がるのは、生鮮食品の工場的生産が拡大していることです。洗浄、カットされた野菜、室内環境がコントロールされた野菜きのこ類、養殖された魚等、もう生鮮食料品ではなく、加工食品と呼ぶべきなのです。将来起こりうる食糧危機への対策となること等、健全な発展への期待もあります。

ＩＴが瞬時に世界をつなぐようになり、時代はスピードを上げて変わっています。食品メーカーに必要なのは、世間体を気にした当面の売上、利益等ではないのです。メーカーは、独自の技術を背景に新しい食品の開発に成功しなければ、本当に、大手流通業の下請けになってしまいます。どうすれば、次世代に生き残れるか、どのようなイノベーションが必要か、もっと必死で考えないといけないはずです。

食の未来予測年表②は、健康・安全が食と関連する分野についての未来年表であり、前と同じく２００７年に作成しました。

予想通りすでに２０１４年において「メタボ検診」が実現していますし、食品の原材料のトレーサビリティーシステムは、ほぼ確立されてきています。健康と食生活の分野では、テレビやコンサルで管理栄養士の方々の活躍も目立ちます。しかし、難題である高齢者の脳機能、咀嚼機能、抗酸化機能の低下を予防する食事を含めたシステムは、まだ確立されたとは言えませ

【図表32 「食の未来予測年表②」】

※総人口・少子化比率・高齢化比率は、人口問題研究所による将来推計人口「低位推計」です。「中位推計」は政策的な数字で、実際には「低位推計」に近い形で人口が推移していくと言われています。

	2007年	2012年 （5年後）	2017年 （10年後）	2022年 （15年後）	2027年 （20年後）
総人口（千人）	127,315	126,004	123,556	120,152	116,037
少子化比率（0～14歳）	13.4	12.4	11.2	10.2	9.6
高齢化比率(65歳以上)	21.2	23.8	27.4	28.9	29.9
団塊世代の年齢	58～60歳	63～65歳	68～70歳	73～75歳	78～80歳
人口	熟年離婚増加（年金給付制度改革） 全国の総世帯数がピークに達する（5048万世帯※2015年） 要介護者450万人 75歳以上の団塊世代が世帯主の世帯が20%超 要介護者800万人規模				
健康 安全	高齢者の抗酸化機能・脳機能・咀嚼機能の低下を防ぐ食品と食事法の開発 40歳以上の内臓脂肪症候群（メタボリック・シンドローム）を重視した健康診断が始まる アレルギーを抑え、免疫力をつける食品・対応食品 トレーサビリティー・システム確立 がん・糖尿病・アルツハイマーなど、ゲノム治療薬開発メーカーが医薬品業界の主導権を握る 食生活コンサルタントが増える 美容と長寿を考慮した食事方法ブーム 機能性食品／食事コンサルティング → 生活習慣病予防システム 若年層の肥満比率が50%突破				

（未来予測2006-2020（日経BP社），未来年表（博報堂生活総合研究所），日本の将来推計人口（平成18年12月推計）（国立社会保障・人口問題研究所）より著者作成）

ん。免疫力強化する食品などの開発も進んでいないのが現状です。

アレルギーをはじめとして，免疫力をつけるためには，乳酸菌の菌体成分が注目され，サプリメント，健康食品の分野で商品化が進んでいます。キリンのプラズマ乳酸菌，サントリーのプロテクト乳酸菌，ハウスウェルネスフーズのＨＫＬ１３７乳酸菌等，殺菌された乳酸菌の菌体成分，乳酸菌生成物質がおそらく，次の世代の健康を支えていく大切な健康食品であることは，間違いないと感じています。

「生きた乳酸菌が腸まで届く」というコピーが，市場拡大に大きな役割を果たし，お腹の調子を整えるというエビデンスで，トクホとして定着しました。次世代に脚光を浴びるのは，殺菌された乳酸菌加熱菌体が持つ，人間の健康への貢献ではないでしょうか。健康食品分野に残された数少ない素材かも知れません。テーマは免疫です。まだ明らかになっていないことも多いですし，食品メーカーにすれば薬事法との関係という難題が残されていますが。

健康機能性食品の制度改革により，企業が自己責任において，自らエビデンスを確認し，それをオープンすることにより，健康機能表示が可能になるということになりました。加工食品だけでなく，生鮮食料品もその対象となることが検討されています。

まだ，始まってみると，企業にすれば予想外の障害に気づくなど，展開は不透明ですし，消費者がトクホ制度との関係をどう把握していくかなどもわかりません。しかし，わたしは食品

【図表33 「食の未来予測年表③」】

※総人口・少子化比率・高齢化比率は、人口問題研究所による将来推計人口「低位推計」です。「中位推計」は政策的な数字で、実際には「低位推計」に近い形で人口が推移していくと言われています。

	2007年	2012年（5年後）	2017年（10年後）	2022年（15年後）	2027年（20年後）
総人口（千人）	127,315	126,004	123,556	120,152	116,037
少子化比率（0～14歳）	13.4	12.4	11.2	10.2	9.6
高齢化比率(65歳以上)	21.2	23.8	27.4	28.9	29.9
団塊世代の年齢	58～60歳	63～65歳	68～70歳	73～75歳	78～80歳
人口	熟年離婚増加（年金給付制度改革） 全国の総世帯数がピークに達する（5048万世帯※2015年） 要介護者450万人 75歳以上の団塊世代が世帯主の世帯が20%超 要介護者800万人規模				
環境 食糧	世界的水不足 ➡ 水ビジネスの拡大 穀物価格高騰による食糧危機 遺伝子組み換え植物・食品についてポジティブな理解とコンセンサス形成 遺伝子組み換え農作物を原料とする食品の普及 バイオ技術を活用した食糧増産が始まる 海水脱塩が低コストで可能→浄水化事業 人工栽培松茸 植物性たんぱく質の豚・牛肉 世界の小麦の在庫が底をつく（単純計算） 魚介類の養殖ビジネスが世界的規模に拡大 低価格農作物輸入増加 陸上での魚介類の養殖ビジネス 産業、家庭、運輸のエネルギー消費量が2022年をピークに減少する チャイナショック（中国の成長減速問題）				

（未来予測2006-2020（日経BP社），未来年表（博報堂生活総合研究所），日本の将来推計人口（平成18年12月推計）（国立社会保障・人口問題研究所）より著者作成）

に健康機能表示をすることには、反対です。何故なら食品は、何か月何年食べ続けることによってその効果があらわれるものなのです。すべての食品には、人に対して何らかの機能がありますが、その作用は穏やかなのです。薬品ではありません。トクホを含めた消費者庁の健康関連の制度には無理があります。

それから、少し気になることがあります。それは、肥満、とりわけ若年層での肥満の動向です。予測されていた肥満率50％は突破していませんが、男性においては年々増加し、平成になってから男性が女性を越え、その差はどんどん開いています。近い将来、大きな社会的テーマになるでしょう。ダイエットの分野は、その食品市場の維持がなかなか難しい分野なので、これからの企業の動きを注目したいですね。

食の未来予測年表③は、環境、食糧問題です。２００７年での予測どおりとはならず、遺伝子組み換え食品へのお客様へのコンセンサスはとれないまま、あいまいな状況下にあります。天候不順、天変地異がもたらす、穀物危機や水危機等による原材料費の値上がり不安、中国のかなり無意味な不動産投資の反動によるチャイナショックの危機等、中国の成長減速問題が浮かびあがってきました。尖閣諸島の問題も一触即発の段階にあると言えなくもなく、安心材料よりも不安材料が多く、前途多難です。

人口減少が進み、２０２７年には、少子化比率（14歳以下）は減少して10％を切ることになります。ますます社会的活力が落ちていく中で、日本という国の元気、明るさ、将来展望をどう開くのか、深刻な段階になっているはずです。団塊世代が加わることで高齢化率は30％に近づきます。

◆わたしの考える未来

未来予測を念頭に、「未来に向けて、小売流通が、メーカーが、どのような施策で臨むのか」という視点で仮説出しをしてみました。宝物がまだ眠っているのか、それとも人口オーナス期（働く人よりも、働かない年少人口や老人の人口の割合が高くなる時期）でなす術もなく、衰退していくのか、本当の意味のサバイバルが、すでに始まっています。

宝探しの方向は、まず食品メーカーが自社の主力製品で、もしくは、独自技術を発揮できるカテゴリーで、海外進出に活路を見出すこと。

次にメーカーは、川上に上ること。農・水産業は、工場的なシステムで生産にシフトが加速する（植物工場、養殖）ものと思います。

大手小売PBは、NBとして定着し、中小小売りの系列化とともに中小メーカーの系列化も推し進め、大手メーカーを下請けにして巨大化していく可能性は、かなり高いと思います。メーカーは、対抗策として、メーカーの合併による巨大化を促進し生き残るという方向が残っていますが、さてどうなっているでしょうか。
その他、予測されるマーケット変化方向を列挙してみます。

- 安全・安心・高品質により、日本の食品が海外に輸出される。
- 超高齢化社会での関心事は、「アンチエイジング」。どれだけ若さを保てるかに、多くの消費が集中する。
- 食事コンサルティング、生活習慣病予防システムに関する相談がビジネスになる。
- 遺伝子組み換え食品が、なし崩し的に生活の中に入り込んできているが、さらに天候不順、食糧危機、原料高騰等、民意も認めざるを得ない方向へ動き出す。
- 水が豊かな一部の国を除いて、水資源が世界的な戦略物資となってきている。気候変動は、水危機をさらに拡大させるリスクをはらみ、日本とて例外ではなくなっていく。

もう現実化しつつある食の未来です。このような動きの中で、日々の家庭の食は、子供たちの食は、どうなっていくのでしょうか。家庭、家族、食卓、料理、食品、外食はどう変化していくのか、食に携わる人たちは、まず自分の家族の有り様との関係から、将来に臨んでいくべきでしょうね。

日本は、すばらしい国です。日本の持つ技術力が未来年表のような問題解決を実現し、さらにより良き社会が訪れると期待する反面、子供人口の減少はいかんともしがたく、社会の活気を維持できるか、労働力はどう確保するのか、国として機能できるのか、課題は山積です。

東日本大震災のあと、多くの外国人が日本を逃げ出しました。このところの外国人観光客の激増は、たった数年前のことを遠い過去のように思わせます。今なら日本に住みたいと思う外国人が激増していることでしょう。しかしそれは、かつての安い労働力を海外から呼び込むのとは別の感覚です。これから、まったく想像していなかった日本の変貌があるのかもしれません。

悲観論ばかりで未来を語るつもりはありません。若い人たちに早く今の日本の現状に気づいてほしいですね。何故なら、影響をうけて、一番苦労するのは、若者たちだからです。

だからこそ、最後にもう一度繰り返します。食の未来のためには、リサーチが大切です。マーケティングリサーチは、企業にとってお客様を知る上で、本当に重要で楽しい仕事です。そこにはみんなと少し違うセンスが必要なのかもしれません。事実をどのように読み解くか、一番大切なことは何か、企業により読み方が異なるから面白いのです。

思いもよらなかった新しい発見は、マーケティングリサーチをやっていて一番価値を感じることでしょう。競合他社も知らなかった「お客様の心理と課題の発見」をすることが、マーケティングリサーチの真髄だと思います。マーケットを自分の目で見る姿勢、話を聞く姿勢、大切ですね。今の世の中でマイナーなモノの中に、将来のメジャーの芽があります。マイナーは消え去るものだなんて思っていたら、マーケットを見誤ります。

未来を予測することが目的ではありません。これからどう考えるのか、一人ひとり、企業が、お役所が、そして個人が、それぞれの意思が未来を決めます。一人ひとりです。新市場を開拓していく最大のポイントは、N＝1のマーケティングリサーチであり、個人をどれだけ詳細に観察して仮説を構築し、その中から、宝石となるコンセプトを見出していくことができるかです。

未来を切り拓くニーズは、お客様の「わがままニーズ」、お客様が感動するような「うきうきニーズ」の中にあるのではないでしょうか。以下に《参考》として、以前、N＝1リサーチから発掘した「わがままニーズ」を挙げておきます。なかなか実現しないものもあれば、もう実現しかけているものもあります。飛んでいる発想を潰すような世の中は最悪です。荒唐無稽なニーズを拾い上げ、解決しないと、時代を変えるようなイノベーションにはならないと思うべきです。

◆20代の若い人たちに行った日記調査から発掘したわがままニーズ

- 深夜食べても太らず、胃腸が気持悪くならないラーメン
- 買ったその場で15秒以内に余裕で飲み干せる量の缶コーヒー
- 音がまったくしない、冷蔵庫、洗濯機、掃除機、ドライヤー
- 室温においておいても冷たいままの缶、ペット飲料
- 小さくしまえる折り畳み傘なのに使うときは広げると大きな傘
- チルドタイプの熱を加えてない生の野菜ジュース
- タッチしないで認証される、社員カードシステム
- サングラス効果のある透明なレンズのめがね
- 瞬間的に水分を飛ばせる乾燥機
- お風呂でも雨でも水にぬれても音楽が聴けて普通に使えるiPhone
- 芯を入れなくてよいシャープペンシル
- 朝作った時の鮮度、おいしさが保てる弁当箱
- 24時間充電の必要がないiPhone
- 気分転換に明らかな効果があり、おいしさも数時間長続きするガム

- ノンカフェインで頭がすっきりし眠気も覚ますアイテム
- 薬ではなくて、瞬時に頭痛・肩凝りをとってくれるドリンク
- 朝、家で食べられない、食べる時間がないので、通勤途中に電車の中や歩きながらでも食べられて、お腹にたまり、かつ、スッキリとした気分になれる食品飲料
- 食事に時間もかけたくなし、おいしいものにも魅力を感じないので生きていくために必要なエネルギーと栄養素を簡単に短時間でとれるもの
- 今までにない簡単さで自炊できて、お金がかからず栄養バランスがとれ、食欲がもりもりとわく料理

いかがでしょうか？「何を開発するか」という開発の初期段階に、マーケティングリサーチはシステム化されていません。そもそも、システム化なんぞできないのかもしれません。しかし、何を開発するかを、開発担当者、技術者、経営者等、開発に携わっているすべての人が考えていくための、質の高い情報を提供することが、マーケティングリサーチの役割だと、わたしは思っています。そのために、リサーチの手法を開発し、それを正しく実施していくことが、画期的な新製品、将来の社会に求められる新製品が作り出されていくことにつながると思います。

すでに顕在化しているニーズの未充足な部分を解決するという宝探しの方向があります。マーケティングリサーチは、お客様の発言、行動を正しく理解して、お客様の中にみえるニーズを抽出し、解決していくことが基本で、わかりやすい新製品企画です。これができていない企業は、その企業の製品は、消費者から見捨てられていくように感じます。

次に、大変難しいのが、お客様も気が付いていない潜在ニーズをお客様の発言、行動から読み取って、新価値・新カテゴリー・新製品を見つけ出すということです。これには、開発担当者の資質が問われる、経験が問われる、知恵と知識が問われます。

「何を開発するか」は、定量情報からは、まず出てきません。先発メーカーが成功したものを追随することは、企業としてやらなければならない一つの仕事かもしれませんが、先発メーカーを超えるのは大変困難なことです。

◆宝探しのキー

お客様に新しい価値、新しい生活、おいしさを届けるためには、「何を開発しなければならないか」。リサーチャーがやらなければならないことは、定性的に、お客様、家庭、生活、街、社会を国内外問わず探索、探究することです。それを、わたしは、N＝1のマーケティングリサーチと呼んでいます。いろいろな次元はありますが、将来仮説を見つけ出すことです。そし

【図表34　「宝探しのキー」まとめ】

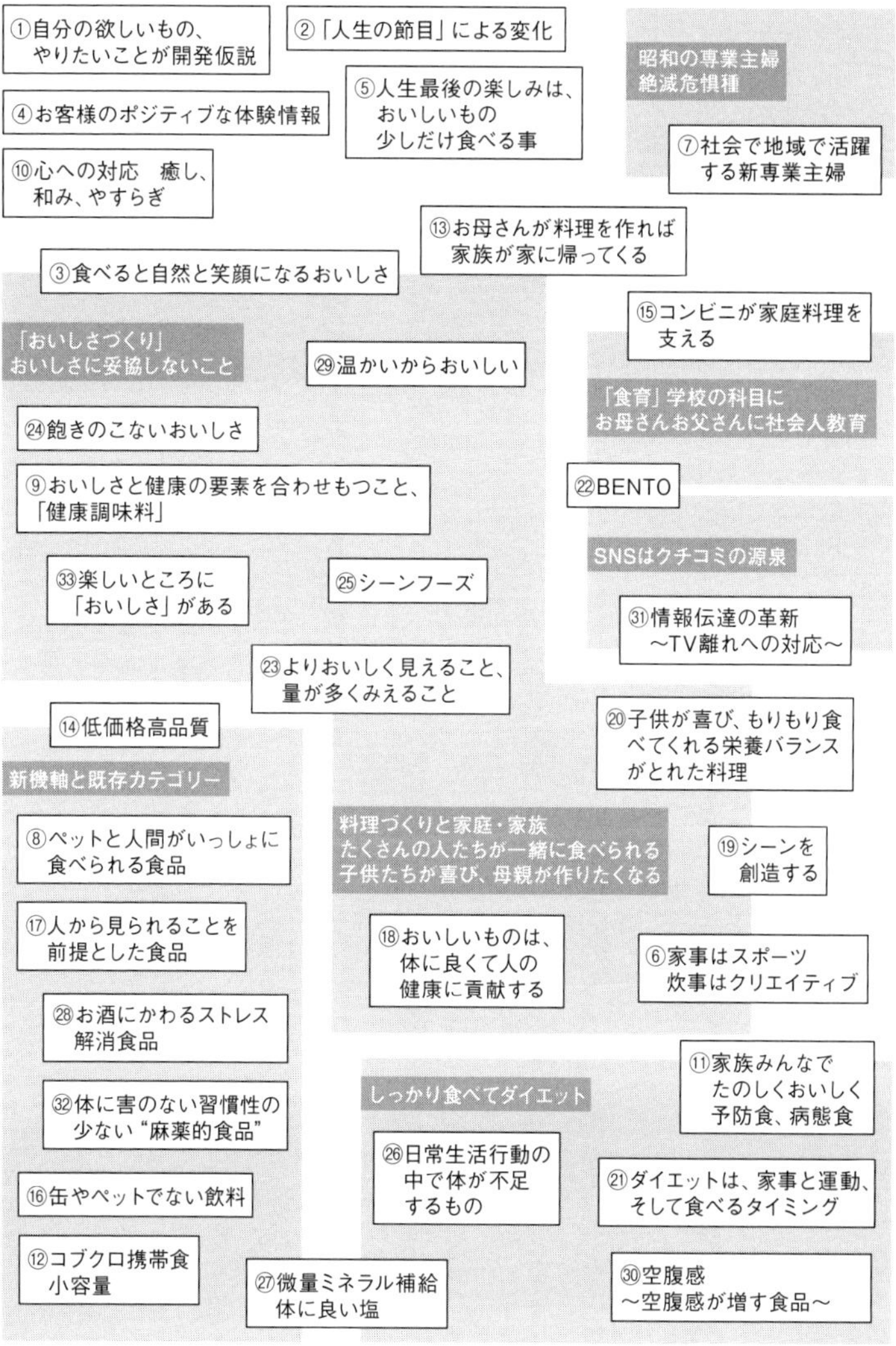
①自分の欲しいもの、やりたいことが開発仮説
②「人生の節目」による変化
昭和の専業主婦絶滅危惧種
④お客様のポジティブな体験情報
⑤人生最後の楽しみは、おいしいもの少しだけ食べる事
⑦社会で地域で活躍する新専業主婦
⑩心への対応　癒し、和み、やすらぎ
⑬お母さんが料理を作れば家族が家に帰ってくる
③食べると自然と笑顔になるおいしさ
⑮コンビニが家庭料理を支える
「おいしさづくり」おいしさに妥協しないこと
㉙温かいからおいしい
「食育」学校の科目にお母さんお父さんに社会人教育
㉔飽きのこないおいしさ
⑨おいしさと健康の要素を合わせもつこと、「健康調味料」
㉒BENTO
SNSはクチコミの源泉
㉝楽しいところに「おいしさ」がある
㉕シーンフーズ
㉛情報伝達の革新～TV離れへの対応～
㉓よりおいしく見えること、量が多くみえること
⑭低価格高品質
⑳子供が喜び、もりもり食べてくれる栄養バランスがとれた料理
新機軸と既存カテゴリー
料理づくりと家庭・家族たくさんの人たちが一緒に食べられる子供たちが喜び、母親が作りたくなる
⑲シーンを創造する
⑧ペットと人間がいっしょに食べられる食品
⑰人から見られることを前提とした食品
⑱おいしいものは、体に良くて人の健康に貢献する
⑥家事はスポーツ炊事はクリエイティブ
㉘お酒にかわるストレス解消食品
⑪家族みんなでたのしくおいしく予防食、病態食
しっかり食べてダイエット
㉜体に害のない習慣性の少ない“麻薬的食品”
㉖日常生活行動の中で体が不足するもの
㉑ダイエットは、家事と運動、そして食べるタイミング
⑯缶やペットでない飲料
⑫コブクロ携帯食小容量
㉗微量ミネラル補給体に良い塩
㉚空腹感～空腹感が増す食品～

（著者作成）

て、その仮説の将来性を定量的に検証していくことです。社会の発展にリサーチ分野が貢献する最も大切なことです。

本書でわたしが言いたかったのは、「マーケティングリサーチは宝探し」だということ。あらためて、宝探しのキーとして提示したものを**図表34**にまとめてみました。少しでも皆様のご参考になれは幸いです。

◆メーカー三十年のリサーチ経験を振り返って

わたしは、ハウス食品に38年勤めました。ハウス食品が大好きで、退職後も現役時代の夢をよく見ます。食品メーカーでのリサーチ経験は30年に及びました。

わたしがハウス食品に入社した1976年当時の企業理念は「楽しい家庭料理の世界を広げる」だったと思います。この企業理念が大好きでした。この理念の下で、これからの人生を過ごすのかと思ったものです。当時、カレーといえば、カレーライスとサラダとコップに注がれた水で日曜日に家族で楽しく食卓を囲む、というイメージでしたね。子供の好きな料理の一番は、カレーライスでした。

今は、お母さんが働くことが当たり前で、お母さんが食事を作ることは当たり前でない時代で、「寂しく一人でごはんを食べる食卓を支援するカレーライス」に変貌しているのではないでしょうか。随分変わってしまいました。今は、家族がバラバラに帰ってきても、温めておいしく食べられますね。一人でも、子供でも食べられますね。こうして一人の寂しい食卓も支援できたことが、実はカレーの需要を支えたのだと。こんなことを言ったら怒られますかね。カレーは不況に強いカテゴリーと言われてきました。もっと不況が進んだら、もっと売れるのでしょうか？

バブルの頃に、ハウス食品は「知恵ある暮らしをデザインするハウス」という企業理念に代わり、そして「食を通じて家庭のしあわせに役立つハウス」へと変わりました。企業理念はブランドに非常に大きく影響します。ハウス食品の場合、料理＝モノ、暮らし＝コト、しあわせ＝ココロ。企業理念はモノからコト、そしてココロへと変遷したのです。

そもそも創業理念に日本の家庭の幸せが謳われ、昔は家のマークが社章だったのです。当時から幸せと言っているわけです。ハウス食品は、ハウスというコーポレートブランドが非常に強くて、調味料関係は全部頭にハウスがつきます。ハウスバーモントカレー、ハウスジャワカレー、ハウスカレーマルシェ、ハウスとんがりコーン、ハウスフルーチェといった具合です。ハウス食品というのがまずあって、各種の調査でも、あらゆる世代でコーポレートブランドの印象は強く、「ハウス食品だから買った」「おいしい、安心だ」と言っていただいていました。おいしさを大切にする会社で、ハウス食品ほど、何度も何度もお客様に味覚調査をする会社は、他にないように思います。そして目標に達成するまで続けます。改良品なら既存品よりもおいしくなるまで味覚調査を繰り返しています。ハウス食品の強さは、そこにあると思いました。

ハウスのイメージは、家庭的、親しみやすい、誰からも好かれる、明るい、といった点に特徴であり、原点は「楽しい家庭料理の世界を広げるハウス食品」です。子供が減り、家庭の食卓が見えにくい現代こそ、家庭料理の大切さを訴えるハウス食品であってほしいものですね。

ブランドについて見てみましょう。ハウスの場合、ブランド名そのものがおいしさなのです。これがPBにはない大きな強みだと、わたしは思います。ジャワ、バーモント、こくまろ、ザ・カリーも、マルシェもその商品名がブランドでおいしさを表しています。

さらに、オンリーワンも多く持っています。例えばフルーチェがそうです。要は市場に一つしかないのです。スープカレーは敵がいたのですが一つになりました。ハンバーグヘルパーも一つしかなかったのに、いろいろな企業が参入してきました。外食でのハンバーグは、強いカテゴリーです。40年以上経っているプリンミックスもそうなのですが、根強いユーザーがいて健在です。オンリーワンを持つことが非常に大切です。とんがりコーンは発売して30年です。とんがりコーンは類似品が他社から出てきません。それは生産設備が必要だからです。わたしは、この生産ライン生産設備が参入障壁となることを学びました。

今は一人のリサーチコンサルタントとして、メーカーを離れて活動していますが、ハウス食品の応援団であり、ハウス食品の発展を祈っています。

あとがき――■

わたしは、大学の農学部農芸化学科を卒業し、ハウス食品というメーカーの研究所に入社して38年を過ごしました。一昨年10月末に職責定年、半年の嘱託を経て、２０１４年の3月末に、無事退職しました。人生の第1ステージが終わりました。ハウス食品については、本文の最後に少し書かせていただいています。

そして今は独立して、個人事業主と言うらしいのですが、第2ステージとなる『サーチクリエイション（SearchCreation）』を設立しました。一人でできることは知れていますが、少しでもお役に立てるのなら、どこへでも飛んでいきます。ご連絡ください。

思えば、食品の味覚や香り等おいしさの基礎研究をしたいと思って入社したのに、いつの間にかマーケティング、それもリサーチの分野にどっぷり30年間も足を踏み入れてしまい、今も、リサーチの世界で孤軍奮闘しています。

振り返れば入社後、一年間の工場実習を経て、研究所の基礎研究分析研究の部署に配属、同じ部署で知り合った人と26歳で社内結婚しました。嫁さんと3人の子供に恵まれ、また、会社や同僚にも恵まれ、一所懸命、楽しく仕事して、本当にたくさんの幸せをもらいました。60歳になってからも本当に申し訳ないぐらい充実して、毎日楽しくやりがいのある仕事に取り組んできました。

ストレスは当然ありましたが、お客様に支持される新製品づくりのために、リサーチを通じて貢献できたこと、国内だけでなく世界各国進出に向けた調査の基盤づくりと実践に携われたことは幸せでした。また一方、関西大学大学院で学生さんにマーケティングリサーチの実践をお話する機会もいただきました。

15年ほど前わたしは、千葉の体育館で大好きなバレーボールをしていた時に突然、いわゆる心不全、不整脈で倒れました。九死に一生を得ましたが、大好きだった「たばこ」と「お酒」を断ちました。二年ほど不安と恐怖で苦しみました。いわゆる心臓神経症らしいです。不整脈発作の不安はありますが、いいドクターに恵まれ、うまく病気とつきあって、日本だけでなく世界中を、仕事も含め飛び回りました。ドクターに言われました、「心臓が止まるのは一回だけですから」と。なんとなく納得して毎日過ごしてきたのは、ココロの持ち方でしょうか。

30年前、リサーチの仕事に変わった時に、食品の分析もマーケティングリサーチも発想がよく似ていることに気が付きました。どちらも、まず、事実を正しく測定することが第一歩です。対象が、「モノ」か「ヒト」かの違いがあります。しかし、「モノ」は嘘をつきませんが、「ヒト」は嘘をつきます。マーケティングリサーチは、心理学的、生理学的な側面を考慮しないといけないということです。さらに、リサーチは、数字を読む力が大切で、統計的なものの見方ができないとデータ、数値、測定値を間違った使い方をしてしまいます。さらに、社会、経済、生活、人、食等の知識と経験が必要になりますね。

職責定年後の実にさびしい時間を過ごし、当然ですが、企業内では、職責がないと何もできないのです。決裁権がないとね。定年した者が生き生きと仕事できる環境やシステムはありません。多くの人たちを見ていてそう思いましたし、自らも実感しました。このままでは会社に申し訳なく、自分もなんとなく惨めだったので、人生のギアを切り替え、新しい選択をしたのがサーチクリエイションです。

◆サーチクリエイション（SearchCreation）のこれから

簡単にサーチクリエイションの業務内容を紹介します。

まず最もわたしがやりたいことは、「新製品コンセプト創出のためのリサーチシステムによるコンサルティング」です。開発プロセスにおける調査の実際と進め方、新製品企画につながるリサーチの進め方とデータの解釈を一緒に進行することにより、新しいコンセプトや新しいカテゴリーを考えていくことを支援するのが目的です。難しいことですが、仮説構築のためのN＝1、1人の人のビッグデータから新分野探索と企画を試みます。

次に、マーケティング（リサーチ）分野をこれから目指す新人のために、体験的学習会を開催したい、開催をお手伝いしたいと思っています。企業に必要なリサーチの人材育成です。リサーチは、誰でもできると考えている人が多いのですが、実は専門性が高く、基本を理解していないと、どんでもない結果になってしまいます。社内説得材料ではないのです。お客様を正しく理解する、そして、誰も気が付いていない新しい価値を見つけだすのです。調査手法は、実践で学べますが、リサーチを実践する心構えはなかなか学べません。そのことをしっかりと伝えることがわたしの役割であると思っています。

そして、マーケティングリサーチを担当する部門へのコンサルティングです。各社の実情に合ったリサーチのガイドラインづくりを支援します。最近、いろいろな企業で専門のリサーチ部門を置かないところが増えています。調査代理店や広告代理店に丸投げしているケースも多くなっています。もっとも大切なこと、お客様との直接の接点を放棄して、企業自身がしないということは、おかしいですよね。とても大きな問題になってきていると、わたしは思います。

最後に、上條直之さんには、大変お世話になりました。この本の文章校正、図表のリライトなど、本来なら何人もの専門家にお願いしなければならないことを、すべて一人でやっていただきました。上條さんと知り合って、もう30年近くなると思います。デザイナーでありながら、マーケティングや雑誌編集などもするマルチな人で、ハウス食品時代には、いろいろな調査をお手伝いいただきました。彼が主宰する㈱ナーヴ・アップが調査レポートしてくれた内容も、いくつか本書に盛り込まれています。そんなノウハウもあり、本書の文章校正に当たってもマーケティングの専門用語までご理解いただき、図表もわかりやすく再構成していただきました。実は、料理も得意らしいです。現在のわたしのサーチクリエイション（SearchCreation）のロゴも上條さんの作品ですし、ホームページも名刺も作っていただいています。わたしがマーケティングリサーチの仕事をしてきて、出会うことのできた貴重な人です。重ねて御礼申し上げます。

最後の最後に、この本の制作にあたり、ご支援、ご協力をいただいた、ハウス食品グループ本社㈱の浦上博史社長、広浦康勝専務、浜松大学冨澤豊教授、商品企画エンジン㈱の梅澤伸嘉博士、広島修道大学の今田純雄教授、東北大学の坂井信之准教授、国立研究開発法人農業・食品産業技術総合研究機構食品総合研究所　和田有史主任研究員、東京電機大学の木村敦助教、㈱マーケティング・リサーチ・サービスの永井孝由社長、片瀬俊三事業部長、㈱リサーチ・アンド・ディベロプメントの橋本紀子取締役、㈱マーケティングアイの喜山荘一代表、㈱マーケティングコンセプトハウスの山口博史社長、宮島明美さん、㈱東京辻中経営研究所の辻中俊樹社長、㈱ナーヴ・アップの上条直之社長、㈱アイ・ピー・エス　橋本琢哉さん、本当にありがとうございました。この場を借りて御礼申し上げます。

また、わたしのはじめて出版にあたり、いろいろとご指導いただきました碩学舎の西川英彦教授（法政大学）、㈱中央経済社の市田由紀子さん、浜田匡さん、本当にありがとうございました。御礼申し上げます。

《参考文献》

青山謙二郎『食べる』二瓶社、２００９年
飽戸弘『社会調査ハンドブック』日本経済新聞社、１９８７年
油谷遵『マーケティング・サイコロジィ』弓立社、１９８４年
石井栄造『マーケティングリサーチの進め方がわかる本』日本能率協会マネジメントセンター、２０１２年
稲垣佳伸『『超』マーケティング』ビジネス社、１９９４年
今田純雄『食べることの心理学』有斐閣、２００５年
今田純雄『やせる』二瓶社、２００７年
梅澤伸嘉『消費者は二度評価する』ダイヤモンド社、１９９７年
梅澤伸嘉『長期ナンバーワン商品の法則』ダイヤモンド社、２００１年
梅澤伸嘉『ヒット商品を生む！　消費者心理のしくみ』同文舘出版、２０１０年
梅澤伸嘉『消費者ニーズ・ハンドブック』同文舘出版、２０１３年
小川進『競争的共創論』白桃書房、２００６年
小川進『イノベーションの発生理論』千倉書房、２００７年

小川進『ユーザーイノベーション』東洋経済新報社、2013年
日下部裕子・和田有史『味わいの認知科学』勁草書房、2011年
鈴木正成『食生活をデザインする』講談社、1984年
高垣敦郎「より効果のあるマーケティング・リサーチの実施に向けて」『マーケティング・リサーチャー』No.103, pp.20-23　2007年
田中洋『課題解決、マーケティング・リサーチ入門』ダイヤモンド社、2010年
西川英彦・廣田章光『1からの商品企画』碩学舎、2012年
根本昌彦『未来学』WAVE出版、2008年
原田泰『日本はなぜ貧しい人が多いのか』新潮社、2009年
伏木亨『人間は脳で食べている』筑摩書房、2005年
伏木亨『おいしさを科学する』筑摩書房、2006年
伏木亨『味覚と嗜好』ドメス出版、2006年
伏木亨『味覚と嗜好のサイエンス』丸善、2008年
ブランド戦略研究所『プライベイトブランド最新動向2015』ブランド戦略研究所、2015年
村瀬秀信『気がつけばチェーン店ばかりでメシを食べている』交通新聞社、2014年

矢作敏行『デュアル・ブランド戦略』有斐閣、２０１４年
山崎良兵・大竹剛・中川雅之「セブン鉄の支配力」『日経ビジネス』No.1745, pp.24-44 ２０１４年
アルビン　トフラー『第三の波』中央公論新社、１９８２年
エディ　ユン・スティーブ　カルロティ・デニス　ムーア「マーケティング戦略の中心は『スーパー消費者』に」『ハーバードビジネスレビュー』２０１４年８月号、pp.5-9　ダイヤモンド社、２０１４年
クリストファー　ピーターソン『ポジティブ心理学入門』春秋社、２０１２年
ブライアン　ワンシンク『そのひとクチがブタのもと』集英社、２００７年

＜著者略歴＞

高垣　敦郎（たかがき　あつお）

1952年11月21日，京都生まれ
1976年，京都府立大学農学部卒　後　当時ハウス食品工業株式会社に入社
関東工場，研究所，ソマテックセンターを経て2002年開発支援部長，
2004年東京本社調査室長，2007年お客様生活研究センター長として
2013年９月定年まで勤務。2014年３月末ハウス食品グループ本社株式会社を退職。
2014年４月,食とリサーチのコンサルティング会社「サーチクリエイション」設立，
主に，「新食品開発のためのリサーチ」「若手のマーケティングリサーチ研修」を実践している。
現在，㈱インテージ顧問，桜美林大学ビジネスマネジメント学群非常勤講師（消費者心理入門），一般社団法人ブランド戦略研究所　調査研究部長，一般社団法人日本市場創造研究会理事

硯学舎ビジネス双書

「おいしい」のマーケティングリサーチ

新市場創造への宝探し

2016年１月10日　第１版第１刷発行
2017年４月25日　第１版第３刷発行

著　者　高垣敦郎
発行者　石井淳蔵
発行所　㈱碩学舎
〒101-0052 東京都千代田区神田小川町2-1 木村ビル 10F
TEL 0120-778-079　FAX 03-5577-4624
E-mail info@sekigakusha.com
URL http://www.sekigakusha.com
発売元　㈱中央経済グループパブリッシング
〒101-0051 東京都千代田区神田神保町1-31-2
TEL 03-3293-3381　FAX 03-3291-4437
印　刷　昭和情報プロセス㈱
製　本　誠製本㈱

ISBN978-4-502-16831-4　C3034